CRIAR TILAPIA

Dr. Gary Spencer

Criar Tilapia Copyright © 2019 por Dr. Gary Spencer. Todos los derechos reservados.

Todos los derechos reservados. Ninguna parte de este libro puede ser reproducida en cualquier forma o por cualquier medio electrónico o mecánico, incluyendo sistemas de almacenamiento y recuperación de información, sin el permiso escrito del autor. La única excepción es por un revisor, quien podrá citar extractos cortos en un comentario.

Funda diseñada por Gary Spencer

Gary Spencer
www.aquafarmsofcolombia.co

Impreso en los Estados Unidos de América

Primera Impresión: Ene 2019 Aquafarms de Colombia

ISBN- 9781089492511

CONTENTS

Criar TILAPIA 1
Criar Tilapia Roja 3

    Las cinco necesidades de tilapia 4
    La tilapia necesidad número uno: el agua limpia 4
    Componentes de filtración 10
    Necesidad de tilapia - Oxygen número dos 13
    La tilapia necesidad número tres - Comida 18
    La tilapia necesidad número 4 - Luz 21
    La tilapia necesidad número cinco - Espacio para nadar 22
    Los sistemas de cultivo de tilapia 23
    Cómo realizar correctamente el ciclo de su estanque o sistema de tilapia 26
    Alimentación de alevines de tilapia al tamaño de cosecha 28
    Todo sobre los alevines de tilapia 35
    Clasificación de alevines de tilapia 35
    El verdadero costo de alevines de tilapia 37
    El desarrollo de la FRY en alevines de tilapia 39
    Los alevines de tilapia no son clones de otro 39
    Cómo comprar alevines de tilapia 41
    Guía de selección de tilapia en vivo 42
    Mantenga en un solo agua súper minuto! Soy un agricultor aquaponico. 43
    Escoger el derecho de vivir la tilapia especies para sus propósitos. 45
    La comprensión de la Genética de la tilapia 53

Tilapia mitos 57

    Mariscos orgánicos es un mito 57
    Organismos genéticamente modificados (OGM) tilapia es un mito 58
    (Rojo y blanco) la tilapia del Nilo son un mito 59
    Más giros de tilapia 59

La cría de tilapia 62

    Colonia de cría de tilapia lista de comprobación de inicio rápido 62
    Comprensión de la propensión a la crianza 63
    Selección de especies de colonia de cría de tilapia 65

Cómo sexo tilapia 67

CRIAR TILAPIA ROJA

Desde la perspectiva del agricultor de tilapia, hay tres acontecimientos principales en la tilapia timeline: **incubar**, de **cría**, y la **cosecha**. Por supuesto, estos eventos tienen muchos nombres diferentes dependiendo de con quién estás hablando. Algunas personas pueden utilizar palabras como el desove, cultivo y procesamiento, pero no importa qué términos que utilizan todos hablan de las mismas cosas. Un punto importante a recordar es: que nos estamos refiriendo a los acontecimientos y el empleo en la *agricultura* y no en la línea de tiempo del ciclo de desarrollo de la tilapia. Aunque están entrelazados, la tilapia va a través de su propio ciclo de desarrollo que no requieren cambios significativos en sus responsabilidades. Porque esta es una distinción importante, nos hará una breve descripción de cada uno de los eventos de cultivo de tilapia

- **Incubar** incluye trabajos delicados como el cuidado de las colonias de cría, alentar o inducir de desove de extracción o aislamiento de vivero, alevines de tilapia, cuidado y elevación de la RFY para alevines de tamaño; finalmente los alevines de clasificación para su tasa de crecimiento antes de entregarlos al crecer fuera de las instalaciones. Cada uno de estos trabajos tiene varios pasos individuales y técnicas que son exclusivas para el funcionamiento de un criadero de tilapia. También cabe señalar que los equipos e instalaciones utilizados para incubar, son únicas para los criaderos de peces, y sólo útil durante las primeras semanas de la vida de la tilapia.
- **La cría** o cultivo, es la parte de tilapia que recoge después de la piscifactoría ha planteado para alevines de tamaño. En esta etapa, el agricultor de tilapia, la meta es elevar la tilapia a segar la mies el tamaño de forma rápida, económica y con buena salud. Las tareas incluyen pruebas, clasificación, pesaje, y varios trabajos de mantenimiento. **Estas tareas son el tema de esta guía.**
- **Recolección**, o transformación, implica la selección de tilapia, moverlos a un estanque de acabado, matándolos humanamente, de un modo que respete lo que están ofreciendo, y luego eliminando sus filetes. Muchos de estos trabajos pueden ser omitidos por el agricultor y se transmite a la persona que prepara la tilapia. Los equipos utilizados para la recolección no tiene nada que ver con las instalaciones de cría, y obviamente no incorporar ningún equipo de la incubadora.

Así como usted puede ver, incubar, criar, y la cosecha no sólo involucran completamente distintos conjuntos de responsabilidades, también requieren diferentes equipos e instalaciones. También cabe señalar que el tamaño de la operación no importa. Por ejemplo, una instalación de procesamiento puede ser tan complejo como el control de clima para una habitación limpia, llena de mesas de acero inoxidable y equipos, o tan simple como un hogar, cocina con fregadero y una tabla de cortar. Cada tilapia necesita las mismas cosas para vivir, y la única diferencia entre las grandes granjas comerciales, y el patio de la granja, son los métodos utilizados. Al final, los resultados son los que importan. El nivel de creatividad que utiliza para llegar a ustedes, y parte de la satisfacción personal que obtendrá de tilapia.

Lo que sigue está destinado a ser una necesidad de conocer, sólo respuestas guía, al cultivo de tilapia. No vamos a llenar su cabeza con la teoría y la ciencia más allá de lo que sea absolutamente necesario. Además, vamos a suponer que usted tiene un nivel medio de sentido común. Con respecto al libro de escritores, que tienen que llenar las páginas con texto por primera declarando, y luego repetir lo obvio, frases tales como "la tilapia entrar en el estanque" no son una parte de esta guía. Así que, sin más preámbulos, vamos a aprender acerca del cultivo de tilapia.

LAS CINCO NECESIDADES DE TILAPIA

La tilapia no pedir mucho. De hecho, sólo tienen cinco necesidades básicas: **agua limpia**, el **oxígeno**, **alimentos**, **luz** y **espacio para nadar**. Déle a su tilapia estas cosas, y que se mantendrá saludable y creciendo rápidamente. El arte de la tilapia es entender cada una de estas necesidades y, a continuación, encontrar una manera de proporcionarlos en cantidades suficientes. El problema es, que cada una de estas cinco necesidades viene con una miríada de cuestiones potencialmente complejas y soluciones. En los próximos cinco secciones, abordaremos cada una de las necesidades de la tilapia, uno a la vez.

Acuaponía punto: Tilapia no importa lo que hacen con sus cacas o cómo remediar el nitrato de amoníaco y agua contaminada. No importa si su funcionamiento es recto o acuicultura si utiliza su tilapia del estanque del agua para cultivar plantas. Acuaponía no es una nueva forma para la cría de tilapia; es una manera alternativa de abordar, y se beneficien de desperdicios de pescado. Por supuesto, si se le preguntara a agricultores de verduras, podría decirles que Acuaponía es una forma novedosa para fertilizar sus plantas. Sin embargo, independientemente de su perspectiva, en todas las situaciones agrícolas las necesidades de la tilapia siguen siendo los mismos.

LA TILAPIA NECESIDAD NÚMERO UNO: EL AGUA LIMPIA

Proporcionar su tilapia con agua limpia se puede dividir en dos partes: el **agua nueva introducción** y **mantenimiento de agua existente**.

Introducción de agua nueva
Siempre que se introduzcan nuevos de agua en el estanque o acuario, debe ser de la misma calidad que usted beba usted mismo. De hecho, si no están dispuestos a beber el agua que se están introduciendo a la tilapia, entonces usted necesita para dejar de darle a ellos hasta que usted lo esté. **Son un alimento de peces Tilapia**, así que cualquier cosa que esté en su agua, eventualmente terminan en *tu* cuerpo. Es posible que así como beber el agua ahora y cortar la mitad-pez. El agua debe provenir únicamente de una fuente municipal seguro, limpio o un pozo privado. Si sólo se compra el agua embotellada, ya que no soportan el sabor de su propio local de agua y, a continuación, hacer algo al respecto. Comprar un filtro, un suavizador, un eliminador de nitratos, o un gran volumen de sistema de osmosis inversa, y lo que sea necesario para obtener el agua a un estado que va a beber.

Punto crítico: Nunca uses el 100% de agua de ósmosis inversa para la cría de tilapia. Aparte del hecho de que el agua de OI destruirá algunos equipos de pruebas, como las sondas de pH-metro, no tiene buffers para pH fluctuaciones. Una dureza de carbonatos de entre 150 y 350 ppm es recomendado.

Después de que usted esté feliz con el drinkability de su agua, llene un recipiente de transferencia segura de alimentos o de depósito, para tratar el agua *antes de* darle a la tilapia. Es una mala práctica para ejecutar las mangueras de la fuente de agua directamente a su estanque. Los cambios bruscos de temperatura, pH, u otro tipo de química del agua proveniente de la fuente es común. Esto puede saturar la tilapia, causando un sistema inmunológico debilitado, e incluso podría alterar el equilibrio biológico establecido de colonias. El tamaño del contenedor de transferencia depende de usted, pero le recomendamos que sea capaz de mantener por lo menos el 20 por ciento del volumen de su estanque. Para las operaciones comerciales, el 100 por ciento es recomendado.

Como ustedes están llenando el contenedor de transferencia(s), usted necesita asegurarse de que el agua que se va a agregar a su estanque de tilapia está a la misma temperatura que el agua para que la tilapia ya están acostumbrados. Más o menos un par de grados está bien, pero si la diferencia es demasiado grande que se choque.

- Asegúrese de que están dispuestos a beber de tu fuente de agua antes de entregarlo a la tilapia.
- Ponga una nueva transferencia de agua en un recipiente, para su posterior tratamiento, antes de agregarlo a su estanque.
- Asegúrese de que la temperatura sea la misma en cuanto a lo que su tilapia ya están acostumbrados.

Además de asegurarse de que la recién introducida el agua es lo suficientemente limpia para beber, y a la temperatura correcta, usted necesita asegurarse de que el agua está libre de todos los productos químicos añadidos por la autoridad municipal de agua, **especialmente cloro o cloramina**. Un galón jarra de DeChlor va un largo camino, si se tiene en cuenta que sólo agregue una gota por cada galón de agua, para eliminar el cloro o cloramina, y reducir la toxicidad de metales pesados como el cadmio, mercurio, cobre, plata, zinc, plomo, níquel, manganeso y sodio selenate, que pueden estar presentes en cualquier suministro de agua. Además, no asuma que el agua municipal clorados perderá su contenido de cloro en su propio tiempo. Esto es especialmente cierto para el agua tratada con cloramina. Incluso si usted no puede oler el humo, sólo lleva trazas para causar quemaduras químicas letales a sus agallas y en todo su cuerpo.

- Utilice DeChlor para eliminar el cloro o cloramina y reducción de metales pesados en el agua nueva, **antes de** que se introdujo en su estanque de tilapia.
- No confíe en el tiempo para eliminar el cloro del agua.

También deberá asegurarse de que el agua es recién introducido en el nivel de pH ideal, y que está al *mismo* nivel de pH del agua ya en el estanque. Esto puede parecer una extraña forma de decirlo, pero la redacción es intencional. Fijadores de peces tienden a entrar en un mal hábito de ajustar el nivel de pH de sus estanques a ideal, mediante la introducción de nuevas fuentes de abastecimiento de agua con un pH significativamente mayor o menor. Su esperanza es que, cuando la nueva se añade agua a la vieja del agua, los diferentes niveles de pH se mezcla, y como resultado el pH de destino. Esto es el equivalente de arrojar ácido fosfórico y carbonato de potasio a alguien con la esperanza de que los dos se anulan mutuamente y lograr algún equilibrio perfecto.

Punto importante: el ácido fosfórico y ácido cítrico debe ser usado para bajar el pH y el carbonato de potasio debe ser utilizado para elevar el pH. Muchos de los ácidos y las bases son peligrosas para los peces y los seres humanos. Utilice siempre el grado de alimentos ácidos y bases.

El procedimiento correcto es poner a prueba el nivel de pH del agua en el estanque, y el uso de pH down o pH, para traer el agua existente al nivel ideal lentamente. Al mismo tiempo, ajustar el agua en el recipiente de transferencia(s) al mismo nivel de pH ideal. Asegúrese de leer las etiquetas de todos los productos o sustancias químicas que desea utilizar, para asegurarse de que no diga "no tiene la intención de pescado" en la etiqueta de advertencia. Una vez que los nuevos y existentes de aguas son exactamente a la misma temperatura y pH (nivel) puede pasar a la siguiente fase de tratamiento de forma segura o drenar el agua existente e introducir el nuevo agua a la tilapia.

Así que la pregunta obvia es: ¿Cuál es el nivel de pH ideal para la tilapia? La respuesta fácil es de 8,0, pero hay algunas situaciones comunes que hacen imposible 8.0. Muchas plantas, en un sistema aquaponic, prefiere un pH cercano a 6.0, y dado que los peces y plantas comparten la misma agua, un nivel de pH de 6 o 7 (punto) lo convierte en el lugar ideal. Hemos visto algunos estanques que debido a su construcción y alcalinidad, arrastre rápidamente a 8,4, y permanecer allí, no importa cuántas veces el agua es tratada de vuelta a 8.0. En esos casos, podemos dejar de pelear la batalla perdida y simplemente hacer 8.4 el nuevo ideal. Es mucho mejor dejar que los peces nadan en un pH de 8.4, que es constantemente golpeada por los cambios de pH.

Punto crítico: la extrema rangos de pH en la tilapia son entre 3,7 y 11, y los rangos de pH para su crecimiento óptimo está entre 7 y 9. Sin embargo, **la forma más tóxica de amoníaco, conocido como ionizado de amoníaco (NH_3), se producen en el agua con un pH más altos (y temperatura).** La otra variedad ionizado, el amonio (NH_4^+), no es tóxico. El pH del agua cambia con la alcalinidad y también varía con los niveles de dióxido de carbono, que suben y bajan con la fotosíntesis. Por lo tanto, le recomendamos que mantenga su estanque entre 6,5 y 8,0 para mitigar las posibles pérdidas debidas a un pico de amoniaco. También, porque el pH y el amoníaco son cíclicos, le recomendamos que sólo prueba el pH y el amoníaco en la tarde.

- Ajustar el pH del agua en su recipiente de transferencia y su estanque a ideal antes de introducir el nuevo agua a la tilapia.

Por último, debe hacer coincidir la salinidad del agua recién introducida a la existente en el agua del estanque. Aunque no es necesaria hasta que surgen problemas, muchos agricultores de tilapia agregar una pequeña cantidad de sal no yodada (NaCl) a su agua, ayuda a la prevención de los parásitos, y para mitigar los problemas asociados con niveles elevados de nitritos (Brown, enfermedad de la sangre). Agregar sal a una medición de 6 partes por mil, o una gravedad específica de 1.004, que es aproximadamente una cucharada de sal por cada galón de agua, impedirá el desarrollo de la mayoría de los parásitos. Por supuesto, para cada nivel de salinidad hay parásitos que pueden prosperar, pero el agua dulce puramente parásitos parecen desarrollarse muy pronto.

Punto crítico: Nunca agregar sal en cualquier cantidad a un sistema que utiliza la clinoptilolita o cualquier otro tipo de zeolita para extracción de amoníaco. Hacerlo provocará la absorbe el amoníaco se libera de nuevo en el agua.

Mientras estamos en el tema de la sal, algunos antiguos podría decirles que el bicarbonato de sodio ($NaHCO_3$) o sal de Epsom (sulfato de magnesio $MgSO_4$) puede o debe ser utilizado en lugar de la sal común de mesa (NaCl), pero esto es incorrecto. El bicarbonato de sodio es usado como un búfer temporal para el transporte de pescado y el envío, y la epsomita tiene usos limitados en aquaponic sistemas y es de ninguna utilidad para la cría de peces de las operaciones.

Punto crítico: Puedes añadir sal (NaCl) hasta 36 partes por mil para el azul y la tilapia de Mozambique, sin embargo el máximo recomendado para su crecimiento óptimo es de 19 partes por mil. La tilapia del Nilo no son tan tolerantes al agua salada. La tilapia del Nilo no se deben colocar en agua con sal los niveles por encima de 18 partes por mil.

- Si es necesario, haga coincidir la salinidad de cualquier nuevo a su estanque de agua antes de dársela a su tilapia.

Acuaponía punto: mientras acuaponia puede disminuir significativamente la frecuencia de cambios de agua tradicional, o eliminarlas por completo, la acción de agregar agua perdida por evapotranspiración (buscar) es realmente un cambio del agua en sí. Agua limpia fresca contiene muchos oligoelementos que son beneficiosos tanto para la tilapia y a las plantas. Utilice un buen kit de test de nitrato periódicamente, sólo para estar seguro de que tus plantas están manteniendo con el pescado. Además, ya hemos mencionado la epsomita anteriormente, Nunca agregue más de tres partes por mil de la epsomita a su sistema aquaponic.

Mantenimiento de agua existente

El agua que la tilapia son la natación, nunca será más limpia que la primera vez que lo introduce a su estanque. Desde ese momento en adelante, su agua de charca seguirán recibiendo más y más tóxico, hasta que mata a la tilapia, a menos que intervengan quitando la vieja agua sucia, y la introducción de nueva agua limpia en su estanque. La mayoría de las personas se sorprenden al saber que muchas de las granjas de peces, especialmente las granjas de salmón y trucha, utilice ninguna filtración o tratamiento alguno, y en su lugar, se basa en los cambios de agua constante. Esto se realiza normalmente por desviar el agua de un río cercano, a través de los estanques, y salir de nuevo en un flujo continuo. Otro método es hacer desaparecer el estanque totalmente, y acaba de criar peces en grandes redes, suspendida en medio de un lago o río de movimiento lento. De hecho, puede incluso la cría de tilapia en un acuario, en casa, sin ningún tipo de filtración o tratamiento, siempre que estén dispuestos a sustituir su agua cada día. Pero, honestamente, que tiene mucho tiempo libre?

- La tilapia no necesita filtración para prosperar mientras ustedes están dispuestos a sustituir su agua cada día.

Para aquellos de nosotros que no quiere hacer cambios de agua diaria, hay maneras de retrasar la tarea durante días, semanas o incluso meses, mediante filtración y tratamiento. **De hecho, el único propósito de filtración y tratamiento es cómprese algún tiempo entre cambios de agua**. ¿Cuánto tiempo tienes, depende totalmente de la eficacia de la filtración, o qué tan efectivo es el tratamiento. Para el resto de esta sección, vamos a repasar algunas de las cosas comunes que hacen que el agua del estanque de tilapia, tóxicos y qué puede hacer para retrasar o prevenir su acumulación; de manera que puede reducir la frecuencia de cambios de agua.

- Filtración y tratamiento son utilizados para convertir o reducir los compuestos tóxicos en la acuicultura de agua, reduciendo la frecuencia de cambios de agua.

Los sólidos insolubles son las primeras cosas que comenzará a hacer su tilapia tóxicos en el agua del estanque. Este es el tipo de cosas que se pueden ver fácilmente, suspendida en el agua, o descansando en el fondo. Básicamente, es sin tocarla comida y caca de tilapia. Estos sólidos eventualmente se disuelven en el agua, convirtiéndose en sólidos disueltos, y contribuirá a la acumulación de compuestos tóxicos, tales como amoníaco ionizado. La mejor manera para atrapar a estos sólidos insolubles es comenzar con un separador de sólidos. Todo buen sistema de filtración incorpora algún tipo de barrera menos sólidos-trampa como su primer paso. Esto normalmente es seguida por un pre-filtro que deja pasar el agua a través de una barrera material. Desechables o utilizables (Limpiar) almohadillas filtrantes son normalmente utilizados para este propósito. Si se aplica correctamente, este enfoque de dos pasos capturará casi la totalidad de los sólidos insolubles en el sistema.

Es importante tener en cuenta que los sólidos y pre-separadores de filtros no *eliminan* los sólidos, atrapan ellos. Hasta que los sólidos son realmente retirado, que seguirá contribuyendo a la toxicidad de su estanque de agua. Normalmente, un separador de sólidos tiene algún tipo de manual o automático de la válvula de descarga, que necesita ser movida sobre una base regular. Y, dependiendo de la cantidad de desechos sólidos traspasa el separador, el pre-filtro material necesitará reemplazarse o repararse.

- Los sólidos insolubles son atrapados por separadores de sólidos y pre-filtros, no se eliminan.
- Los sólidos insolubles, almacenada en separadores y pre-filtros, contribuyen a la toxicidad del estanque (ionizado amoníaco), hasta que se eliminan.

Los sólidos disueltos se compone de alimentos y caca, que ha sido desglosado en partículas muy finas, que permanecen suspendidas en el agua, y pasan a través de los separadores de sólidos y pre-filtros. Los sólidos disueltos contribuyen a la formación de otros compuestos tóxicos, tales como amoníaco ionizado. La mejor manera para atrapar los sólidos disueltos, para la mayoría de la acuicultura, es con el uso de un filtro de barrera de partículas finas. En las granjas de peces muy grandes, donde el volumen de agua es más cercano al de una ciudad pequeña, procesos químicos puede usarse para quitar los sólidos disueltos, como parte de un sistema de tratamiento y reuso del agua. Como separadores de sólidos y pre-filtros, filtros de barrera de partículas finas no retirar sólidos disueltos por sí mismos. Usted debe revisar el filtro para eliminar los contaminantes. Nos referiremos a este paso como "filtración de partículas finas" a lo largo de esta guía.

Hay otros contaminantes disueltos, como los taninos y polifenoles, los cuales pueden colorear el agua de charca a mirar como té, y huelen mal. Estos contaminantes son causados por la descomposición de materia orgánica y son tan pequeñas que pasan a través de las finas partículas de filtros de barrera con facilidad. La única manera de quitar estos, casi partículas microscópicas, con carbón activado o con un tratamiento químico que normalmente se usa en las grandes explotaciones. Lamentablemente, el carbón activado se agota muy rápidamente, y pueden ser relativamente caros para reemplazar, por lo que no resulta práctico para un uso constante. Nuestra opinión es que el carbón activado debe ser utilizado únicamente en la medida necesaria, en pequeñas operaciones de cultivo de tilapia, para clarificar el agua de color té, o reducir los olores. El carbón activado no es una solución económicamente viable para el cultivo de tilapia comercial uso.

- Los filtros de partículas finas sólo trampa de sólidos disueltos, no quitarlos. Usted debe limpiar el material filtrante para detener los sólidos disueltos para hacer de su estanque tóxico (con amoníaco).
- El carbón activado es inútil contra los sólidos disueltos, pero puede utilizarse para atrapar los taninos y fenoles en pequeños estanques.

Amoníaco Un-Ionized es la primera verdaderamente compuesto mortal que te encontrarás. Ionizado el amoníaco es producido por la descomposición de materia orgánica y saludable la tilapia en agua con un pH superior a 7.0. La única manera de quitar ionizado de amoniaco, es reemplazar el agua, o encontrar una manera de eliminar el amoníaco. La buena noticia es que existen bacterias que ocurren naturalmente que fácilmente consumir el amoníaco. La mala noticia es que el amoníaco-comiendo bacterias (Nitrosomonas) le dan aún más mortífera compuestos, llamados de nitritos. **Nitritos** oxidar la hemoglobina en metahemoglobina dificultando su tilapia de la sangre para transportar oxígeno (hipoxia) y provocar la asfixia al menor esfuerzo. Afortunadamente para la tilapia, los nitritos son a su vez oxidados en algo mucho menos letal, llamado **nitratos**. Una vez ni**trites** han sido convertidos en ni**trun**tes, la tilapia están fuera de peligro inmediato. Sin embargo, con el tiempo, los nitratos se acumulan en el estanque, y que finalmente tendrá que hacer el temido cambio del agua.

Punto crítico: Los kits de prueba y el equipo sólo leer el "total de amoniaco", pero esto no tiene nada que ver con el nivel de tóxico amoníaco (NH3) presente en el agua. El nivel de amoníaco tóxico debe calcularse en relación con el nivel de pH y temperatura. A temperatura ambiente, con un pH de 6,0, el amoníaco es básicamente no-tóxicos. A un pH de 8.0, sólo alrededor del 10 por ciento o menos tóxicos. De hecho, usted tiene que elevar el pH a 9,0 antes del total es sólo la mitad de amoníaco tóxico. ¿Cuál es la lección escondida en todo esto? Puede controlar la toxicidad del amoníaco mediante pH!

- Para el resto de esta guía, el lector debe considerar todas las referencias al amoníaco significa ionizado tóxico Amoníaco, a menos que se especifique lo contrario.

Otro punto crítico: El amoníaco es tóxico para la tilapia azul en concentraciones superiores a 2,5 miligramos por litro, y por encima de 7,1 mg/L para la tilapia del Nilo. Sin embargo, el amoníaco concentraciones tan bajas como 0,1 mg/L se pise la ingesta de alimentos y el crecimiento. Siempre esforzarse para eliminar el tóxico amoniaco completamente de su sistema. Incluso pequeñas cantidades pueden costar dinero en forma de largos períodos de crecer y desperdicio de alimentos.

Las bacterias nitrificantes, llamado Nitrosomonas, responsable de oxidante de amoníaco en nitritos y una bacteria llamada Nitrobacter, que oxida el nitrito en nitrato, viven en cada superficie de su estanque, junto con muchos otros tipos de bacterias. Algunas de estas bacterias son aeróbicos, lo que significa que necesitan oxígeno, y algunos son anaeróbicos, lo que significa que crecen en condiciones con muy poco oxígeno. Normalmente, usted encontrará las bacterias nitrificantes a lo largo de la línea de agua en el estanque, bajo la superficie del agua, y el interior de los tubos. Lamentablemente, eso no es suficiente superficie para apoyar el número de colonias de bacterias necesarias para convertir la cantidad de amoníaco que se produjo. La solución es un artilugio conocido comúnmente como un filtro o bio bio reactor.

Bio filtros tienen un solo objetivo: dar un montón de superficie para las bacterias nitrificantes para crecer. Los dos más populares de filtro bio bio medias son esponjas y bio bolas. Otras buenas medias incluyen PVC trenzado bio bio y pajitas. A diferencia de los filtros diseñados para atrapar insolubles y sólidos disueltos, la bio-medios de comunicación no deben ser atendidos hasta que el agua que fluye a través de está siendo restringido. Incluso entonces, sólo necesitan un lavado de luz para obtener el agua que pasa a través de ellos nuevamente.

Acuaponía punto: crecer tu cama/multimedia *es* el bio filtro, a menos que usted está usando sólo balsas flotantes. En aquaponic sistemas que sólo utilizan balsas flotantes, le recomendamos que incorporan un filtro biológico en algún lugar de la plomería. Por ejemplo, después de que el separador de sólidos, o entre el sumidero y depósito de pescado. Crecer su cama/medios debería ser diseñado para evitar que las condiciones para el crecimiento de bacterias anaerobias, como estas condiciones también son mortales para las plantas. En otras palabras, garantizar un buen flujo de agua, y evitar estancarse bolsas de agua.

- El bio filtro sólo proporciona una superficie creciente para las bacterias nitrificantes que eliminar el tóxico amoniaco.
- Nunca limpiar o desinfectar su bio filtro, enjuagar ligeramente si se restringe el flujo de agua.

Punto importante: hay ciertos tilapia situaciones en las que no es práctico ni posible para extraer el amoníaco mediante bacterias. Tanques o estanques de acuicultura que no son parte de un sistema aquaponic puede ser cultivado con éxito utilizando métodos alternativos de eliminación de amoniaco como zeolita aireación o agresivos. Quitando el amoníaco, la necesidad para las bacterias consumidoras de amoníaco también es eliminada. Estos métodos también pueden impedir que los nitritos y nitratos del agua que se crea, por lo que los cambios ya no son necesarios para la eliminación de nitratos.

El paso final en la prestación de su tilapia con agua limpia, tiene que ver con la prevención de los **parásitos** y **patógenos**. Si no se toman las medidas necesarias para prevenirlos, parásitos podrían suceder a su tilapia en algún momento. Como hemos mencionado anteriormente en esta página, si te pillan con parásitos, puede matar muy fácilmente, sin lastimarse la tilapia, o arruinar su valor alimenticio, cambiando la salinidad del agua a 6 partes por mil, con sal no yodada. Esto borrará los parásitos muy rápidamente. También cabe mencionar que, si usted está criando su tilapia en agua que ya contiene sal, y obtendrá un brote parasitario, usted puede poner su tilapia en agua dulce para matar los parásitos. En pocas palabras, los parásitos no pueden manejar los cambios repentinos en la salinidad.

Si su tilapia obtiene un patógeno (enfermedad) sin embargo, se termina el juego. Maten la tilapia, porque se van a morir de todos modos. A continuación, vaciar el estanque, desarmar su filtración, y desinfectar las costosas piezas con un desinfectante a base de ácido, lanzando todo lo lejos. No, no estamos bromeando. Es ilegal en los Estados Unidos para vender un pescado que ha sido tratada para cualquier enfermedad, y por buenas razones. Muchos patógenos son intratables, y aquellas que son tratables, requieren costosos inyecciones que cuestan más que la tilapia, y debe ser administrado individualmente. Por no mencionar el hecho de que el período de incubación de la mayoría de los patógenos, es más largo de lo que dura la tilapia a crecer hasta el tamaño de la cosecha. Por lo que podría no ser claro al mirar los filetes si todavía tenían la enfermedad en el momento de la cosecha y procesamiento. Los agentes patógenos son todo-alrededor de malas noticias en tilapia.

Punto crítico: La longitud de tiempo que una tilapia puede sobrevivir con un patógeno está directamente relacionada a la edad, el tamaño y el sistema inmunológico. Alevines de tilapia y alevines pesando un gramo o menos no tienen resistencia a los patógenos alguna y morirán casi inmediatamente después de la exposición, mientras que las más grandes la tilapia puede sobrevivir por mucho tiempo. Esta es la razón por la que las pruebas para la detección de microorganismos patógenos en tilapia tamaño de cosecha es tan importante y también por qué la prueba para enfermedades en tilapia fry es totalmente inútil. El simple hecho de que la tilapia fry están vivos es una prueba de que no tienen la enfermedad.

Para nuestros fines, hemos incluido los virus con agentes patógenos para mantener la discusión simple aunque ellos infectan tilapia en diferentes maneras. Cuando se trata de enfermedad, es mucho más práctico para concentrar sus esfuerzos en la prevención, en lugar de reaccionar ante un brote. El primer paso en la prevención, es reducir el riesgo de quedar en el primer lugar. La siguiente es una lista de las medidas preventivas que sugerimos:

- Desinfecte sus manos y brazos antes de ponerlos en el agua del estanque.
- Utilice guantes.
- Mantener condiciones de limpieza alrededor de los estanques. Desinfecte los pisos de zonas interiores y desinfectar las suelas de los zapatos en caso práctico.
- Mantener conjuntos separados de los equipos, tales como redes y cubos, para cada estanque.
- Adoptar un sistema de cubo de colores. Blanco para limpiar el agua y los peces celebración, azul para los equipos y la limpieza del filtro o llevar, y gris para el acarreo de agua tóxica.
- Evitar las condiciones que causan los sistemas inmunes debilitados en tilapia, tales como el estrés debido al hacinamiento, mala nutrición, y los altos niveles de nitratos.
- Evitar que las mascotas y otros animales, de beber de su agua de estanque de tilapia.
- Mantener aves de pooping en su estanque de tilapia.
- No poner los caracoles, camarones, peces dorados, o cualquier otro tipo de organismos vivos, en el agua de estanques de tilapia.

Punto crítico: Nunca coloque la tilapia en un sistema que está ocupada por los caracoles o peces de colores. Caracoles y goldfish llevar parásitos que son extraños a la tilapia y matará a ellos. Usted puede conseguir lejos con un par de veces, pero finalmente las probabilidades va a ponerse al día con usted. Una vez que estos parásitos se han encontrado refugio en su sistema, tendrá que estar completamente esterilizados para eliminarlos.

Un esterilizador ultravioleta es la mejor y única pieza de equipo que puede utilizar para controlar los parásitos y patógenos en el agua, antes de que puedan entrar en la tilapia. Al pasar el agua cerca de una fuente de luz ultravioleta, un tamaño adecuado Esterilizador UV mata a casi todo. La clave del éxito al esterilizar su estanque, es exponer el volumen correcto de agua a la fuente de luz UV para la correcta cantidad de tiempo. En el caso de los esterilizadores ultravioleta, más grande y de mayor potencia no significa necesariamente mejor. Es importante elegir una que sea del tamaño correcto para su estanque y, a continuación, asegúrese de que usted puede ajustar la tubería a la velocidad del flujo de agua recomendado por el fabricante. Puede medir el tiempo que tarda el agua que sale de su Esterilizador UV para llenar una cubeta de 5 galones, para determinar la tasa de flujo y, a continuación, ajústelo con una válvula de bola en frente de la entrada si es necesario.

- Los parásitos pueden ser eliminados de la tilapia y el agua con los cambios en la salinidad.
- Un esterilizador ultravioleta sólo se pueden eliminar los parásitos y patógenos del agua, no desde la tilapia por sí mismos.
- La eliminación de parásitos y patógenos en el agua se les impide transferir entre individuo tilapia.
- La tilapia individuales con parásitos puede ser tratada por colocarlos en un tanque de agua que contenga 6 ppt de sal no yodada durante unas horas.
- Los patógenos en tilapia puede ser tratada de manera eficaz, económica y, en algunos casos legalmente. La única solución viable es la prevención.

Hay un par de cosas más que vale la pena mencionar acerca de esterilizadores ultravioleta. Primero, son la única opción realista para evitar parásitos en sistemas aquaponic. Algunos concesionarios aquaponic pretender que los parásitos y las enfermedades no ocurren, pero esto tiene más que ver con el arte de vender que otra cosa. Después de todo, un vendedor de coches no se muestran imágenes de personas heridas en accidentes de automóviles como parte de su publicidad, por lo que es comprensible. Pero creciente de tilapia en sistemas aquaponic ocasionalmente se ven afectadas debido a las tensiones creadas por los menos en condiciones óptimas, y un esterilizador UV no afectar adversamente a las plantas como otros métodos de tratamiento. El segundo punto que vale la pena mencionar, es el hecho de que matan a los esterilizadores ultravioleta de fitoplancton, lo que convierte el agua verde.

Punto importante: hemos evitado deliberadamente el tema de las infecciones bacterianas en tilapia porque estos no son comunes en los sistemas limpios. Sin embargo, vale la pena mencionar que un esterilizador UV también matan a la mayoría de las bacterias nocivas suspendidas en el agua.

Ahí lo tienes. La respuesta a la pregunta de qué es lo que constituye el agua limpia, y qué se puede hacer para mantenerlo de esa manera. Pero todavía no hemos terminado con el agua todavía. Todavía tenemos que ir a través de sistemas de filtración y calefacción en general.

COMPONENTES DE FILTRACIÓN

Separadores de sólidos: El tipo más común de barrera menos sólidos de separador en la acuicultura hace uso de un fenómeno conocido como la "paradoja de la hoja del té". Fue identificada por Albert Einstein, así que no te sientas tonto si nunca has oído hablar de él, o no comprenden totalmente cómo funciona. Básicamente, cuando usted gira el agua en un cubo de agua, la presión del agua en el borde exterior es mayor que en el centro. Sin embargo, donde el agua toca los lados y la parte inferior de la cuchara, la fricción se ralentizará y disminuye la presión. Dado que el agua toque los lados y el fondo no puede mantener el ritmo con el resto del agua en la cuchara, una capa límite está formado. El agua en el exterior de la capa límite toma una ruta diferente hacia abajo, hacia la mayor fricción en la parte inferior. Este flujo de agua auxiliar, ayudados por el gradiente de presión del agua spinning, barredoras sólidos insolubles en un montón en el centro de la cuchara.

Separadores que trabajan sobre este principio son comúnmente conocidos como trampas de turbulencias, turbulencias o filtros. En la acuicultura comercial, estos normalmente están construidas usando tanques de fondo cónico. En menor escala, estos pueden ser construidas a partir del 25-galón de hidromasaje. Otro tipo de separador de sólidos es conocido como un tanque de sedimentación. Hay varias variaciones sobre este tema, pero básicamente, es sólo un barril a través del cual se hace pasar el agua, y cualquier cosa que es bastante pesada, se hunde hasta el fondo. El problema con tanques de sedimentación es que son más difíciles de limpiar y sólo pueden atrapar naufragio sólidos. El último tipo de separador de sólidos que vale la pena mencionar, se llama un separador centrífugo. Estos separadores funciona haciendo girar las partículas más pesadas en una cámara de colección donde pueden ser lavados. Estos tipos de separadores sólo son útiles para la extracción de los sólidos más pesados.

Hay una buena prueba que se puede hacer, para determinar qué tipo de separador que necesita. Simplemente llene un recipiente transparente con el agua sucia que desea limpiar. Asegúrese de agregar algunos de los sólidos que desea separar y ponga la tapa en la jarra. Agitar el frasco durante unos segundos y luego bájela, imperturbable, las partículas y ver qué hacer. Si todos los sólidos se hunden hasta el fondo dentro de dos minutos, puede utilizar un separador centrífugo. Si todos los sólidos se hunden hasta el fondo en cinco minutos o menos, se puede utilizar un tanque de sedimentación. Sin embargo, si algunas de las partículas se hunden y otros flotan, y algunos incluso hover en el oriente, necesitará usar un filtro de turbulencias. Alerta Spoiler... querrá un filtro de turbulencias.

Punto importante: tanques de sedimentación son mucho como ONU-enjuagado aseos. La caca sólo se encuentra en la parte inferior y se disuelve en el agua contribuyendo a condiciones insalubres. Una vez caca de tilapia se ha disuelto en el agua, es mucho más difícil de extraer. Cuando se considera que los peces de agua dulce como la tilapia absorben agua a través de su piel, no es de extrañar que algunos sabores de tilapia de traspatio como sh...

Prefiltros: también mencionado en esta guía como un *filtro grueso*, no es nada más que una barrera que atrapa los sólidos insolubles como el agua pasa a través. Si usted está usando una trampa de turbulencias, el pre-filtro secundario servirá como una trampa para sólidos que tienen una flotabilidad neutra, o escapar. Si no está usando una trampa de turbulencias, entonces el pre-filtro debe estar diseñada para manejar una gran cantidad de material sólido. Los filtros de tambor son los tipos más comunes de prefiltros encontrado en medianas y grandes granjas de tilapia. Algunos filtros de tambor son el tamaño de los autobuses de la ciudad, mientras que otros no son mucho más grandes que un sillón reclinable; todo depende de la cantidad de material sólido producido por la tilapia. No tenga miedo de usar su propio ingenio a la hora de pre-filtros. No hay nada mágico acerca de sistemas de filtración producida comercialmente. Si usted tiene las habilidades para hacer su propio, por todos los medios pasar por ella. Un buen análogo para un pre-filtro es nada más que una cuchara, con agujeros perforados en la parte inferior, llena de Poliéster relleno de almohadas, suspendida sobre el estanque, y una bomba de agua caída a través de él. Por supuesto, esto no es muy práctico, porque sería mucho tiempo para el servicio, y hay otros pasos de filtración que deben suceder, pero la analogía sigue siendo exacta.

Acuaponía punto: usted está ejecutando un sistema de acuaponia cultivar hortalizas, **no una planta de tratamiento de aguas residuales de pescado**. Si va a comer pescado y desea que sea saludable y buen sabor, entonces no permita *ningún tipo de* desechos sólidos que se disuelven en su crecer camas. Utilice siempre la filtración para extraer la mayor cantidad de partículas sólidas insolubles como puedas, antes de que lo hacen a tus plantas.

Nota: he tomado unas cuantas críticas para la acuaponia punto por encima. Los puristas dirán que vaya adelante y permitir el pez caca para introducir el uso de camas y crecer gusanos al abono de la caca. Ellos le dirán que la mineralización de desechos de pescado proporcionará micronutrientes para las plantas. Mi respuesta es que mantengo mi consejo. El sabor de la tilapia planteadas en estos verdaderos peces inodoros es terrible cuando comparado a la tilapia planteadas en los sistemas de acuicultura y aquaponic limpio, libre de caca de peces en descomposición.

Los filtros de partículas finas: Utilice un cordón del filtro, el filtro de arena, tierra de diatomeas, filtro o filtro de agua en línea inmediatamente después de la bomba, para atrapar los sólidos disueltos. Son muy eficaces para eliminar las partículas que son demasiado pequeñas para ser atrapado por cualquier otro paso de filtración. En pequeña escala, filtración de partículas finas podría no ser necesario, debido a la relativamente baja cantidad de agua. Esto es especialmente cierto si configura un pre-filtro compuesto de una trampa de turbulencias, seguida por algunos comprimidos pastillas de poliéster. La mayor preocupación con esta configuración será un mayor nivel de taninos y posiblemente fenoles. En tilapia comercial, los filtros de partículas finas se colocan entre la bomba de agua, y la esterilización de agua y pulido final.

Filtro Biológico: No es realmente un filtro en todo, su único propósito es ofrecer una gran superficie en la que las bacterias nitrificantes pueden crecer. Un cuadro, con agua en la parte inferior, y algunas bio media, proporciona una gran cantidad de superficie para desarrollar colonias de bacterias. Hay algunos trucos de diseño para mantener un nivel constante de agua en el interior de una caja de plástico, pero no es nada que usted no sabe si usted decidió hacer su propio. Filtros Biológicos no debe necesitar mucho mantenimiento. De hecho, usted debe evitar interferir con ellas, a menos que os aviso de que están restringiendo el flujo de agua. Esta es la razón por la que preferimos el sistema húmedo/seco, a diferencia de los filtros de arena - el plástico transparente hace que sea fácil para nosotros para ver lo que está ocurriendo dentro del bio filtro.

Acuaponía punto: las inundaciones y drenaje de las camas *están creciendo* el filtro biológico en acuaponía sistemas. En sistemas compuesta sólo de balsas flotantes, un filtro biológico tradicional seguirá siendo necesaria.

Punto importante: Como se dijo anteriormente, existen ciertas situaciones de cultivo de tilapia en donde no se utilizan filtros biológicos. No utilice estos métodos alternativos de eliminación de amoniaco con sistemas de acuaponia. Al hacerlo se hambrear el Nitrosomonas y Nitrobacter eliminando así la oferta de nitratos para las plantas.

Esterilizador ultravioleta: Esto no es algo que usted debe tratar de hacer usted mismo. No porque tal vez electrocute usted, sino porque probablemente no funcionará. Con esterilizadores ultravioleta, el flujo tiene que ser justo. Si es demasiado rápido, los parásitos y las algas se acaba de volar justo más allá de la radiación ultravioleta e incluso no ser afectados por ella, si el flujo es demasiado lento, no matarlos lo suficientemente rápido para seguir con su reproducción en el sistema. Un esterilizador ultravioleta también pueden reducir las bacterias beneficiosas suspendidas en el agua, así que no recomendamos que agregue un esterilizador UV hasta **después de que** el filtro biológico establecido. Asegúrese de obtener uno que sea fácil de limpiar. El tubo transparente que separa la luz del agua, también conocido como cuarzo, necesita una limpieza de vez en cuando. Algunos modelos vienen con un sistema de barrido para hacer el trabajo.

Asegúrese de que entienda que un esterilizador ultravioleta no puede curar cualquier enfermedad o eliminar los parásitos o los virus que ya están sobre o en la tilapia. La única cosa que un Esterilizador UV, no es matar a los microorganismos que están suspendidas en el agua. Se puede comparar con poner un filtro HEPA en una habitación con una persona enferma. No hacer nada para curar al enfermo, pero podría ayudar a otros de enfermarse. Dicho esto; es difícil entender la ventaja de la esterilización ultravioleta conocido como **"Redox"** que ocurre en el nivel molecular, y contribuye en gran medida a los sistemas inmunes de la tilapia, y su capacidad para resistir las enfermedades. Hemos prometido limitar la ciencia, así que vamos a dejar de buscar "el potencial redox" por su propia cuenta.

- Un Esterilizador UV no puede curar enfermos tilapia; sólo puede reducir la propagación de la enfermedad.
- Un Esterilizador UV matará de libre flotación de la única célula de algas en el sistema. Este tipo de algas no es beneficioso para los peces o las plantas y puede ser peligroso debido a su efecto sobre el dióxido de carbono y los niveles de pH.
- Un Esterilizador UV contribuye al "Redox" potencial de su estanque de agua, lo que aumenta mucho las tilapias sistemas inmunes y su resistencia a las enfermedades.

Calefacción de agua: el agua del estanque de calefacción durante los meses más fríos es la pesadilla de cada agricultor de tilapia. Factores tales como la incorrecta selección de la especie, y la construcción del estanque inadecuado, pueden obligar a los agricultores a la tilapia gastar todos sus beneficios, o anulen todos sus ahorros, simplemente para mantener su tilapia viva en el invierno. Muerte por agua fría es el número de una llamada de servicio que recibimos en nuestra área entre enero y marzo. Si has leído en otra parte de nuestro sitio web, usted ya sabe lo importante que es la selección de la especie tilapia, pero igual de importante, es correcta la construcción del estanque. Los estanques de tilapia deben estar separadas del suelo por cierto margen de aislamiento. Incluso si es sólo una pulgada de espuma, es mejor que tener el suelo frío actúa como un disipador de calor para el agua del estanque. Aislar los lados de su estanque, y cubriendo la parte superior con espuma rígida en la noche, ayudará a contribuir a bajar los costos de calefacción. En climas fríos, o lugares donde la calefacción eléctrica no está disponible, o deseado, un invernadero con un cohete estufa puede ser la única solución.

A la hora de calentar el agua de charca, tienes dos opciones básicas: el método de calentamiento directo y el método del intercambiador de calor. Para utilizar el método de calentamiento directo, basta con colocar uno o más elementos de calefacción en el flujo de agua de su estanque. Los elementos de calefacción puede ser de metal, tipo de sonda tipo acuario, o incluso simples elementos del calentador de agua. Simplemente use cualquiera que se adapte a su sistema, y el presupuesto, la mejor. Con calentadores eléctricos, no te colgó el vatiaje individual. Dos calentadores de 300 vatios hacen el mismo trabajo, y utilizar la misma electricidad, como uno de 600 watios y así sucesivamente. Podría ser más rentable comprar varios pequeños calentadores, en lugar de una gran unidad.

El segundo método de calefacción del estanque es utilizar una fuente de calor externa y transferir ese calor en el estanque, utilizando un intercambiador de calor. Un intercambiador de calor puede hacerse usando una serie de CPVC (agua caliente), tubos, girando hacia delante y hacia atrás, cubriendo la parte inferior de su estanque o sumidero. Agua caliente se bombea a través de los tubos sumergidos, calienta el agua circundante. La fuente de calor puede ser un pequeño calentador de agua, más elementos de calefacción, o incluso un calentador de agua solar. Nuestro método favorito para el intercambiador de calor, es usar un pequeño calentador de agua, con una bomba de circulación, y un pequeño depósito a presión. Un indicador luminoso termómetro digital también es útil. Incluso puede instalar un interruptor térmico de baja temperatura, para detener la bomba de circulación apagado, cuando el estanque alcanza una temperatura determinada. Si decide probar un método de calentamiento de agua por energía solar, asegúrese de tener una copia de seguridad eléctrica, sólo en caso de que obtenga demasiados días nublados en una fila.
Y eso es todo para agua limpia, vayamos a la segunda cosa que necesita de tilapia.

NECESIDAD DE TILAPIA - OXYGEN NÚMERO DOS

Punto crítico: En esta sección, trataremos de explicar, en tan sólo unos pocos párrafos, lo que normalmente toma un curso universitario de entender. Nuestra declaración original, que esta es una guía de sólo respuestas, es especialmente cierto para esta sección. Las conclusiones que aquí se presentan provienen de estudios universitarios, y respetada de los institutos internacionales de investigación. Si desea obtener más información, recomendamos que comience su investigación en la Organización de las Naciones Unidas para la Agricultura y, a continuación, siga con papeles de investigación universitaria.

El aire que se respira es una mezcla de gases, compuesto de 20,95 por ciento de oxígeno (O_2), y el 78.09% de nitrógeno (N_2). El restante 0,93% se compone de otros gases (Ar, CO_2, ne, Él, CH_4, H_2 y Kr, Xe). La mayoría de la gente sabe que el agua está compuesta de hidrógeno y oxígeno (H_2O), de modo que asumen que los peces obtienen su oxígeno de las moléculas de agua. Sin embargo, las branquias del pescado no tienen la capacidad de separar los enlaces moleculares del agua, de manera que el oxígeno en una molécula de H_2O no está disponible para la respiración.

Sorprendentemente, el oxígeno que respiran los peces, es exactamente el mismo gas oxígeno que respiramos. En la tierra, el oxígeno es entregado a sus pulmones "suspendido" en un el gas inerte de nitrógeno; bajo el agua, un pez del oxígeno es entregado a sus branquias suspendidas en un líquido de hidrógeno y oxígeno. Es mezclada con el agua en una escala molecular. Lo haría sin antes consultar el oxígeno en el agua, de lo que el oxígeno contenido en el aire que usted respira. Esto se llama *el oxígeno disuelto*. No se debe confundir con burbujas de oxígeno disuelto de cualquier tamaño, **incluso la más pequeña burbuja es millones de veces más grandes que las moléculas de oxígeno que los peces usan para la respiración**.

Desde el oxígeno, que se disuelve en el agua, es exactamente el mismo oxígeno que se "disuelve" en el aire, sería lógico suponer que el oxígeno puede viajar libremente entre el aire y el agua. A menos, por supuesto, estamos hablando de un cuerpo de agua calma. Ya verás, en un cuerpo de agua calma, como un estanque, las moléculas de agua cerca de la superficie, actuar de forma diferente que el resto. Porque no tienen moléculas de H_2O por encima de ellos, para ejercer una fuerza atractiva, las primeras capas de moléculas de agua, línea de polo a polo, y forman lazos más sólidos con los demás. Esta fuerza se conoce como la *tensión superficial de la* capa, y disminuye drásticamente la transferencia de entrada de oxígeno y gases residuales de escapar, el agua. Una manera fácil de visualizar la tensión superficial de la capa, es como una gran hoja de plástico, en la parte superior del agua, asfixiando todo por debajo.

En un cuerpo de agua en movimiento, como un río, no hay ninguna capa de la tensión superficial. La constante agitación del agua, unidades continuamente las moléculas de arriba hacia abajo, rompiendo sus lazos entre sí. Sin la tensión superficial de la capa, las moléculas de oxígeno pueden viajar libremente entre el aire y el agua sin ningún esfuerzo. Afortunadamente, para la vida en los estanques, hay otras fuerzas que pueden impulsar la capa superior de moléculas aparte, perforar agujeros en la capa de la tensión superficial y permitiendo el desplazamiento libre de oxígeno y otros gases. El fuerte viento y la lluvia, por ejemplo, hace un gran trabajo de romper la tensión superficial. Asimismo, burbujas, estallando en la superficie, abrir agujeros en la capa superior que permiten el intercambio de gases.

La tensión superficial de la capa no hace más que mantener el oxígeno penetre en el agua libremente, sino que también reduce las emisiones de dióxido de carbono y otros gases de escape. En los estanques de tilapia, las moléculas de dióxido de carbono son el subproducto de la respiración de los peces y la descomposición orgánica. El dióxido de carbono debe ser permitido escapar, o el estanque se estancará y la oxígeno-dependiente, la vida no va a prosperar. Afortunadamente, las mismas acciones que permiten que el oxígeno entre en el agua, el dióxido de carbono también permiten escapar. Esto comúnmente se conoce como el *intercambio de gas*. Para las operaciones de cultivo de tilapia, rompiendo la tensión superficial, para permitir el intercambio de gases, es un *requisito*, no una opción. Es la *única* manera de que el dióxido de carbono puede escapar libremente, y uno de sólo dos formas viables que el oxígeno puede entrar en el agua a un ritmo adecuado.

Como en todas las cosas, tilapia, el método utilizado para romper la tensión superficial, conocida como la *aireación de superficie*, es una decisión económica. Hay tan muchas maneras de realizar la tarea, ya que hay maneras de compartir su dinero con minoristas y fabricantes. Algunos métodos permiten un alto volumen de intercambio de gases, pero vienen a un precio excesivamente alto, y requieren una gran cantidad de energía para funcionar. Otros son muy baratos, pero hacen muy poco para facilitar un nivel eficaz de intercambio de gases. La eficacia de cualquier método de aireación de superficie puede ser expresado como una proporción de la energía consumida en la superficie afectada. Los siguientes métodos, ofrecen la mejor relación de la agitación de la superficie para consumo de energía:

- **Cascadas, cascadas y fuentes** son muy baratos, y se pueden configurar para romper la tensión superficial sobre un área muy grande. Para mantener este método rentable, no restringir el flujo de agua, o levante el agua muy por encima de la superficie. El agua puede ser bajado, o bañeras, cualquier dirección es eficaz.
- **Burbujeante agresiva**, que hace que el agua que se va a levantar, una pulgada o más por encima de la superficie. Utilice una bomba de aire que puede ofrecer más de 3 pies cúbicos de aire por minuto, a una presión mínima de 6 libras psi, y un 2x2 pulgadas de grueso de piedra de aire. No malgaste energía intentando bombear aire a través de una fina piedra de aire, como un difusor cerámico, esta es la aplicación incorrecta de finas burbujas. Una bomba eficiente para este método costará menos de 2 dólares al mes para operar.
- **Rueda de paletas perlizadores**. Para la rueda de paletas grandes estanques aireador ofrece el menor coste energético para la cantidad de superficie afectada.

Punto crítico: No quedar enganchado por reclamos de comercialización. Aireación de superficie es una industria multimillonaria y lleno de conjeturas, expertamente construidos que suena razonable para respirar aire de la humana. Cualquier método para romper la tensión superficial debe ser medido como proporción de la energía utilizada, la superficie afectada.

La tilapia del Nilo necesitan agua con un contenido de oxígeno disuelto por encima de 3 partes por millón (ppm) y tilapia azul necesita su oxígeno por encima de 7 ppm. En un estanque con una biomasa de una libra por cada 3.74 galones de agua, aireación de superficie suelen mantener el nivel de oxígeno disuelto dentro de un rango saludable; incluso a las 4:00 a.m., cuando los cambios diurnos en concentraciones de oxígeno disuelto se encuentran en su nivel más bajo. Sin embargo, recomendamos que una densidad mínima de oxígeno de 7 ppm (4 ppm para Nilo) puede medirse una vez temprano en la mañana (antes del amanecer) y, a continuación, durante la temporada en el agua a temperaturas más cálidas. Una vez que se ha confirmado que el contenido de oxígeno disuelto es superior al nivel mínimo en estos tiempos, una rutina diaria de seguimiento puede ser realizado, en la tarde. La supervisión diaria de la tarde será diferente de la lectura tomada de otros tiempos y temperaturas. Sin embargo, mientras se realiza a la misma hora cada día, será una buena referencia para saber cuándo tomar más amanecer, o lecturas de alta temperatura; o para determinar la necesidad de *oxígeno suplementario*.

Egghead punto: Lo siento para que caiga sobre vosotros la bomba diurna en el párrafo anterior. Es simplemente una forma elegante de decir diariamente. Pero, hemos utilizado la palabra diurna, para señalar que la ciencia del oxígeno disuelto es compleja. Tome la siguiente fórmula, por ejemplo:

O2: O2 ¢¢¢ = P - R - Y ± un

Donde p = el oxígeno producido mediante la fotosíntesis, R = la respiración de todos los organismos vivos en el estanque, incluidas las bacterias y plantas, Y = la cantidad de oxígeno atascado en el fango o barro en el fondo del estanque, y A = la cantidad de oxígeno disuelto, o liberados a la atmósfera.

En realidad, se trata de una fórmula simple para expresar los cambios del oxígeno disuelto durante un período de tiempo, expresado como t ¢ ¢ - t¢. Existen, sin embargo, no hay escasez de muy largas y complejas fórmulas para expresar la física de oxígeno en el agua.

Hasta ahora nos hemos limitado a la discusión de los métodos de aireación de superficie. Esto es debido a que la aireación de superficie es todo lo que se necesita en *los sistemas de acuicultura de recirculación*, con una biomasa de 2 libras por pie cúbico, que también puede ser expresada como una libra por 3.74 galones. Cabe señalar también, que algunos no-sistemas de recirculación, tales como las operaciones de cultivo de tilapia que desvían el agua de río, también pueden utilizar la aireación de superficie, en forma de una serie de cascadas, antes de que el agua es utilizada. Si el cultivo de tilapia se realiza en redes, suspendido en la superficie de un gran cuerpo de agua, como un lago o río muy amplia, sin aireación superficial es normalmente necesario. No obstante, si las redes suspendidas están flotando en los pequeños cuerpos de agua, como estanques, todavía se recomienda aireación de superficie.

- Contenido de oxígeno afecta la biomasa

La biomasa es el total de todos los organismos de respiración de oxígeno en el agua, incluidos los peces y las bacterias. Cuando recomendamos una densidad de dos libras de tilapia por cada pie cúbico de agua, estamos tomando en cuenta la forma típica de un depósito de recirculación de la acuicultura, así como de los niveles normales de bacterias. Esta densidad permitirá el oxígeno de la atmósfera para entrar en el agua a una tasa que va a reemplazar lo que está siendo utilizado por los peces. Superficialmente los estanques con una mayor superficie expuesta a la atmósfera puede acomodar ligeramente mayores densidades de almacenamiento, aunque descuidado, bacterias-laden estanques sólo será compatible con menor densidad.

- La temperatura del agua influye en el contenido de oxígeno

Para ilustrar cómo la temperatura del agua puede afectar a la cantidad de oxígeno que contiene el agua, aquí está una comparación de prácticas: En una atmósfera estándar (760 Torr), la concentración de saturación de oxígeno en 35,6º Fahrenheit es 13,86 ppm. A continuación, elevar la temperatura del agua a 60º Fahrenheit, y medir el oxígeno disuelto de nuevo. Es bajó a 9,82 ppm. Por último, elevar la misma agua a una temperatura de 86º Fahrenheit, y la concentración de oxígeno cae a 7,44 ppm. Como el agua se calienta, la cantidad de oxígeno disuelto va hacia abajo.

- La luz influye en el contenido de oxígeno

Todos los cuerpos de agua, incluyendo correctamente iluminado interior estanques de tilapia, fitoplancton. Son diminutas algas verdes que vive suspendido cerca de la superficie del agua. Cuando el agua está iluminado, el fitoplancton empiezan su fotosíntesis, lo cual, a su vez, emite oxígeno. Este oxígeno se disuelven fácilmente en el agua, y por la tarde, puede aumentar de forma significativa la cantidad de oxígeno disponible para la tilapia. Sin embargo, esta condición es sólo temporal, y tan pronto como se pone el sol, o se apagan las luces, el fitoplancton dejan de producir oxígeno. El resultado puede ser una gota de oxígeno a niveles que son mortales para la tilapia. Por esta razón es muy importante para medir el contenido de oxígeno disuelto por lo menos una vez a las 4:00 a.m., luego por la tarde alrededor de las 2:00 de la mañana la lectura debe ser superior a 7 ppm (3 ppm para Niles). Entonces, la tarde de lectura puede ser utilizado como guía para determinar cuándo tomar otra lectura a primera hora de la mañana.

- Descomposición agota el oxígeno

La descomposición de la materia orgánica utiliza oxígeno y emite dióxido de carbono. Esto crea el peor escenario posible para la tilapia. Sin una intervención inmediata, este puede aniquilar toda una cosecha en una noche. La caída de la noche en el oxígeno creado por la fotosíntesis, combinadas con la continuación del consumo de oxígeno de la materia orgánica en descomposición y posterior liberación de dióxido de carbono, que se produce alrededor del reloj, puede causar que el nivel de oxígeno disuelto para caer a casi nada. Esta es otra razón por la cual es tan importante eliminar la tilapia cacas sin tocarla y alimentos procedentes de los sistemas de acuicultura de recirculación lo más rápidamente posible, como parte del continuo flujo de filtración.

- Maximizar la superficie antes de considerar alternativas de aireación

Más a menudo que no, bajos niveles de oxígeno disuelto son el resultado de la superficie inadecuada aireación. Es fácil olvidar que el intercambio de gases se produce sólo en la superficie, y sólo en el área afectada por la técnica de aireación. Por ejemplo, el chorro de una fuente jefe sólo afecta al área donde las gotas golpear el agua. Por lo tanto, si usted tiene un estanque con una superficie de 1.800 metros cuadrados, y sólo puede airear un círculo de seis pies, usted todavía tiene 1774 pies cuadrados más a trabajar. La tilapia no importa si hacen la lluvia 24/7 sobre toda la superficie de agua, me gustaría mucho más la respiración. Por último, cuando se haya agotado toda posibilidad de aireación de superficie y eliminarse en la medida de la descomposición de materia orgánica como puede, tal vez habría que considerar el adelgazamiento del número de tilapia en el estanque.

La adición de oxígeno suplementario
La adición de oxígeno suplementario requiere de una *fuente de oxígeno* y un *método* para disolver el oxígeno en el agua. Hay sólo tres fuentes de oxígeno para elegir, y como usted probablemente sospecha, cada uno tiene sus propias ventajas y desventajas. Botellas de gas oxígeno es el más sencillo de implementar y es la fuente más barata de oxígeno a corto plazo. Asegúrese de que es de grado médico, no Oxígeno El oxígeno destinado a la soldadura. Oxígeno líquido a granel es más barato que el gas oxígeno, pero es un peligro de incendio, requiere capacitación especial para manejar, y pueden requerir permisos especiales a ser de su propiedad. Además, oxígeno líquido requiere un equipo especial para hacerla apta para su uso. Oxígeno generado tiene los más altos costos iniciales, pero con el tiempo, puede ahorrar dinero sobre las otras dos fuentes de oxígeno. En general, el resultado final de cada fuente de oxígeno es un tubo con oxígeno, gas que circula bajo la presión regulada. Es bastante fácil de entender.

El método que se utiliza para disolver el oxígeno en el agua, por otra parte, es ampliamente incomprendida. Esto, una vez más, surge del hecho de que los fabricantes son conscientes de que sus clientes no entienden la física detrás de disolución de oxígeno en el agua. La verdad es que todo lo que lleva a disolver el oxígeno en el agua, es un agujero en el suelo, un par de piezas de tubo, y algunos accesorios. Pero, ¿qué fabricante se va a decirles que su sistema, costando miles de dólares, puede ser usurpado con piezas de home center store? Por no mencionar el hecho de que la unidad personalizada, es 100% eficiente, los desechos sin oxígeno, tiene rango de ajuste infinito, y puede crear O2 disuelto niveles tan altos como 150 partes por millón. Los fabricantes preferirían capitalizar la pseudo-ciencia, la venta de aceite de serpiente remedios, y envases de fantasía.

Métodos, tales como la placa cerámica plana de difusores de aire, hacen muy pequeñas burbujas. Y, para los profanos, tener un sentido perfecto. Supuestamente, como las burbujas de aire levantarse lentamente a la superficie, el oxígeno contenido en cada pequeña burbuja, entra en contacto con el agua, y algunos de los que el oxígeno es "disuelve". Bien, suponiendo que las burbujas se llena de oxígeno puro, ¿por qué no desaparecer completamente? La verdad es que la mayoría del oxígeno simplemente sube a la superficie, donde cada burbuja se rompe un pequeño agujero en la capa de la tensión superficial y libera su oxígeno a la atmósfera. Seguro, un poco de el oxígeno entra en el agua a lo largo de la burbuja de viaje, y es ciertamente útil tener todo ese oxígeno concentrado allí en la superficie, cuando la tensión se rompe, y el intercambio gaseoso se produce; pero este método no es mucho más eficaz que la aireación de superficie.

El otro método predominante de disolución de oxígeno en el agua es con el uso de un *cono de oxígeno*. Un cono de oxígeno funciona mediante burbujeo de oxígeno a través de una rápida desaceleración de la columna de agua. Las burbujas de oxígeno se mantienen en su lugar por las fuerzas opuestas (flotabilidad vs. velocidad), hasta que son absorbidos. Hay otras variaciones sobre el tema del cono de oxígeno, pero este método es realmente el único que funciona, sin desperdiciar un montón de oxígeno. La desventaja de oxígeno conos son su precio y la limitada gama de ajuste. Por ejemplo, si el flujo de agua es demasiado fuerte, las burbujas te empujaba hacia fuera antes de que se disuelva; y si el flujo de agua es demasiado bajo, las burbujas se suben a la superficie, donde no son eficaces.

Generación de Oxígeno del tubo en U

El mejor método para disolver el oxígeno en el agua es con el uso de un *tubo en U*. Este método utiliza la presión hidrostática para mover fácilmente una columna de agua a través de un gradiente de presiones crecientes que aplastar el oxígeno en el agua. Esto no es nada nuevo, de hecho, data todo el camino de vuelta a 1647, cuando Blaise Pascal formuló por primera vez el concepto de presión, y de cómo se transmite por fluidos, como el agua. La razón por la que nunca has oído hablar de esto, es que no hay dinero para ser diciéndole a la gente cómo hacer las cosas de forma gratuita; además, hay que señalar el hecho de que cualquier búsqueda de tubo en U, finalmente te lleva a un sitio de intercambio de vídeo.

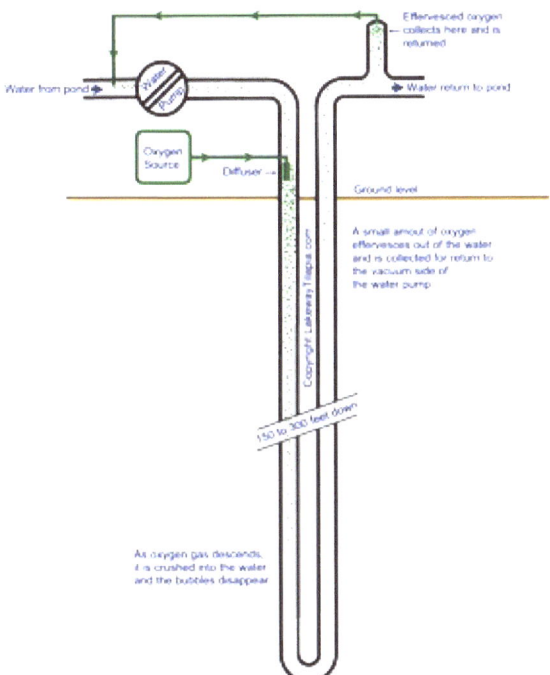

La construcción de un tubo en U es bastante sencillo. Todo lo que tienes que hacer es perforar un agujero en el suelo desde 150 a 300 pies abajo. Lo más probable es que usted contrate un bien el taladrador para este trabajo. Dado que no se van a sacar el agua fuera del agujero, usted probablemente no necesita ningún permiso, pero consulte con sus autoridades locales sólo para estar seguro. Después de haber cavado su agujero muy larga con forma de "U" de la sección de tuberías para llevar el agua hasta el fondo y volver a subir. Gracias a la presión de compensación en cada lado del tubo en U, una bomba de baja potencia es todo lo que se necesita para empujar el agua a lo largo de. Recuerde, es todo acerca de bajo consumo de energía. Sólo tiene que asegurarse de que el flujo sea lo suficientemente rápida para llevar las burbujas hacia abajo.

Haga clic en la imagen para ver una versión más grande, es bastante autoexplicativo. También puede ser concebido como un tubo dentro de un tubo, donde el agua se desplaza hacia abajo un tubo central de diámetro más pequeño, pero las conexiones de tubería en la parte superior será más compleja.

LA TILAPIA NECESIDAD NÚMERO TRES - COMIDA

El hecho de que necesitan alimentos de tilapia puede parecer un poco demasiado obvio, por una guía que asume que sus lectores tienen un nivel medio de sentido común, pero la cantidad de desinformación acerca de la alimentación de la tilapia es horrible en el mejor de los casos, y en el peor de los casos mortales. Contrariamente a Internet lore, tilapia no busquen caca como fuente de alimento. Las operaciones de cultivo de tilapia en China han sido observadas alimentándose de estiércol de cerdo para sus peces, y los peces parecen comer voluntariamente. Pero qué animal sobre la tierra no comer nada que parece ser comestibles, cuando es ofrecido ninguna otra opción. La verdad es que casi todos los peces omnívoros comen mutuamente la caca, como parte de sus propias reacciones y huelga de pastoreo. No están nadando alrededor del estanque de pensar "Yo podría realmente ir para algunos caca ahora". La caca de los cerdos y los humanos, es simplemente repugnante. Como los cerdos, los seres humanos parecen dispuestos a comer casi cualquier cosa, incluyendo la caca de muchas criaturas marinas, incluyendo ostras, almejas y camarones. Ni siquiera voy a empezar a hablar de las personas que beben el agua extraída de mierda de elefante, o comer de los escarabajos. No es de extrañar que nos parecen dispuestos a creer que una tilapia consideraría caca una sabrosa comestibles, considerando toda la materia fecal que pagamos un buen dinero para comer en nuestras vidas.

Punto crítico: No confunda la declaración anterior sobre chinos piscifactorías con la práctica de la "fertilización" del crecimiento de las algas en estanques, como los chinos le hace creer. Hay una gran diferencia entre la suspensión de los gallineros en estanques para promover el crecimiento de algas y lo que los chinos los piscicultores están haciendo. Por cierto, la fertilización de los estanques con el estiércol se practica todavía hoy, a pesar de un muy exhaustivo estudio taiwanés demostrando ineficaz.

¿ Qué tilapia comer? Así, la tilapia son omnívoros, pero tienen muy fuertes tendencias hacia el ser vegetariano. Los dientes y la mandíbula estructura de tilapia es diseñado para pastar en algas y otras plantas acuáticas. Si desea observar un acelerado crecimiento en tilapia fry, ponerlos en un acuario cubiertos de algas, junto a una ventana soleada. Se comerán las algas, creciendo mucho más rápido que la RFY, que sólo se dan un comercial de comida de peces omnívoros. Aquí en nuestro criadero, alimentamos a nuestras recién eclosionadas fry Spirulina algas discos para llevarlos hasta el tamaño rápidamente. Esto también obtiene de ellos fuera de la "zona de peligro" más rápido, desde pequeños alevines son mucho más delicados que los pececillos más grande.

Casi todo el mundo sabe que la tilapia necesita alimento para crecer, y no es mucho de un tramo a comprender que cuanto más su tilapia comer, más rápido crecerán. Aunque técnicamente, sólo comer la comida no es el secreto para crecer; necesita ser metabolizado con la ayuda de oxígeno adecuado, la química del agua y temperatura, como se indicó anteriormente en esta guía. Sin embargo, para los propósitos de nuestra explicación, tan sólo diremos que *más alimentos equivale a un crecimiento más rápido*. Una cosa que las capturas nuevos agricultores de tilapia por sorpresa, es la práctica de utilizar menos alimentos a un crecimiento lento. La principal razón de la desaceleración del crecimiento, especialmente en los grandes delincuentes juveniles, es golpear un objetivo fecha de cosecha. Cabe señalar, asimismo, que esta práctica debe ser cuidadosamente administrada para apenas un par de semanas para evitar el riesgo de retraso del crecimiento permanentemente el crecimiento de la tilapia.

Nada contribuye a la tilapia salud más que una buena nutrición. La dieta adecuada incrementará su sistema inmunológico y les ayudan a resistir la enfermedad. Cuando se combina con un esterilizador ultravioleta, para aumentar el potencial redox en el estanque, una nutrición adecuada hará que su tilapia preparado para casi cualquier cosa. Pero lo que constituye una nutrición adecuada? Bien, si se tiene en cuenta que miles de años de evolución, han adaptado su fisiología para obtener todo lo que necesitan a partir de las algas y plantas acuáticas, luego verdes acuáticas son la respuesta. Lamentablemente, la tilapia comen algas y plantas mucho más rápido de lo que pueden volver a crecer en un área pequeña. En el medio silvestre, tilapia escuelas pastar durante varios kilómetros. Un agricultor de tilapia comercial, con la intención de alimentación sólo aquatic verdes, tendría que dedicar varios metros cuadrados de la superficie del agua, para cultivar suficientes alimentos para una sola la tilapia. Como con toda la ganadería comercial, dedicando acres de valiosas tierras para servir como única fuente de alimentación animal simplemente no es práctico, y casi todos los agricultores complementan o reemplaza totalmente, la dieta natural del ganado con un nutriente densa en la fabricación de alimentos.

Si bien no es exactamente lo que la evolución ha diseñado para comer, tilapia hacen muy bien en algunos alimentos producidos comercialmente. La coherencia de una dieta fabricado ofrece muchas ventajas para el agricultor de tilapia que una dieta natural no lo haría. La distribución uniforme de los nutrientes, y la uniformidad de tamaño, va un largo camino para asegurar que cada tilapia en el estanque obtiene el mismo nivel de nutrición. La cantidad de alimentos que dan es determinado por el peso de los peces y la temperatura del agua. La uniformidad entre las bolsas de comida, mantiene las tasas de crecimiento proyectadas y fechas de cosecha, en la vía. Lo mejor de todo, algunos fabrican alimentos de tilapia es científicamente diseñado para el crecimiento más rápido posible, cuando un buen horario de alimentación es seguido. Así que ahora la pregunta es, ¿cuánto alimento tilapia necesita?

Para determinar cuánta comida para alimentar a la tilapia, usted necesita saber tres cosas: la temperatura del agua, el peso promedio de cada tilapia y la biomasa; que es simplemente una manera elegante de decir que el peso total de los organismos vivos por pie cúbico de agua, o para nuestros propósitos, el peso total de todos los de la tilapia. A medida que el agua se hace más frío, tilapia metabolizar los alimentos más lento y crecen más lentamente, por lo que necesitan menos alimentos. Lo opuesto también es cierto que el agua está más caliente. Durante las primeras etapas de crecimiento, hasta alrededor de 2 onzas, tilapia son poco comer máquinas que pueden devorar un mayor porcentaje de su peso corporal por día. Pero a medida que crecen, ese porcentaje va hacia abajo. Obviamente, puesto que usted no puede alimentar la tilapia individualmente, es útil conocer el peso total de todos los de la tilapia en el estanque, de modo que todos se comen su relleno.

Hay un montón de cálculos científicos que usted puede hacer para determinar la cantidad perfecta de comida a dar cada día, y si usted está inclinado a hacer todas las matemáticas usted mismo, le instamos a que continúe en su camino para convertirse en el último nerd de tilapia. Para el resto de nosotros, existen tablas y gráficos, realizados por otros nerds. He aquí uno de Purina AquaMax, el más avanzado desde el punto de vista nutricional de alimentos de tilapia en el mundo.

Tilapia

POND WATER TEMPERATURE 80-88° F

Product Code	Product Name	Product Size	Number of Fish per Pound	Fish Weight in Grams	lb. of feed/100 lb. of fish/day	Daily Feeding Frequency
5D00	AquaMax Fry Powder	Powder	>1135	<0.4	20 or more	Continuous
5D01	AquaMax Fry Starter 100	0.8 mm	1135 to 230	0.4 to 2	11 to 20	Continuous
5D02	AquaMax Fry Starter 200	1.2 mm	230 to 45	2 to 10	4 to 11	Continuous
5D03	AquaMax Fingerling Starter 300	1/16"	45 to 15	10 to 30	3 to 5	6 to 10
5D04	AquaMax Grower 400	3/32"	15 to 9	30 to 50	3 to 4	5 to 8
5D07	AquaMax Pond 2000 or	5/16"	9 to 1	50 to 454	1.5 to 4	2 to 4
5D08	AquaMax Pond Plus 3000 or	3/16"	9 to 1	50 to 454	1.5 to 4	2 to 4
5D09	AquaMax Dense 4000	3/16"	9 to 1	50 to 454	1.5 to 4	2 to 4

La purina gráfico es algo generalizado, pero aún así es un buen guía para utilizar sus productos, y muestra un par de tilapia hechos importantes sobre el consumo de alimentos en general. Comparar el *peso en gramos de pescado*, de columna a la columna de tamaño de producto, y usted verá que el peso de cada pez aumenta, el tamaño de los granos alimenticios también aumenta. Esta parte es obviamente porque la boca más grande puede comer más alimentos. Ahora, eche un vistazo a la columna titulada *lb. de alimentación/100 libras de pescado/día*. Eso es sólo otra manera de decir "porcentaje del peso corporal para la alimentación". Todos los números en esa columna también puede leerse como un porcentaje. Por ejemplo, el 20 por ciento o más, de 11 a 20 por ciento, de 4 a 11 por ciento, y así sucesivamente. Observe que, como la tilapia agrandarse, se necesitan menos personas para hacer una libra de pescado, y el porcentaje de alimentos al peso corporal disminuye. Esto es porque como tilapia agrandarse, su tasa de crecimiento se ralentiza. Por último, observe el área roja en el gráfico que muestra la temperatura del agua de alimentación óptima de 80-88 grados Fahrenheit. Como tilapia obtenga más frío, se metabolizan menos alimentos y, por lo tanto, comer menos. Otra razón por la cual la selección de la especie tilapia para su operación, y pensando en su cosecha de fechas, es tan importante.

Advertencia: como todo lo demás en el mundo de la cría de tilapia, hay oportunistas intentando convertir un pelotazo vendiendo marginal prima la nutrición como alimento para los peces. La mayoría de este alimento es de etiqueta personalizada, producidos en masa, basura genérico compuesto de desechos agrícolas. Quien quiera comenzar su propia empresa de alimento para peces, puede poner su nombre y logotipo en la bolsa. Hay incluso una versión orgánica que contiene una plétora de ingredientes alimentarios no digeribles, incluida la turba, arcilla, tierra de diatomeas, polvo de granito, y montones de óxidos metálicos y los sulfatos. Lo que guardar usando sus alimentos a bajo costo, perderá hoy como resultado de un prolongado período de crecimiento. No cabe duda de que no es una buena elección.

Existe un método alternativo que es más complicado de calcular, pero mucho más precisa que cualquier gráfico de la alimentación de los fabricantes de alimentos. Sin embargo, el uso de este método requiere que se conoce el peso de la tilapia en gramos. Hay un par de métodos para pesar los peces, pero para fines de alimentación pesa una muestra aleatoria y luego extrapolar ese peso en el número total de peces te lo suficientemente cerca. Así que si usted sabe que tiene 200 peces y puede pesar diez de ellos, puede multiplicar el peso de esos diez por 20 para obtener el peso para todos 200. Por supuesto, si la tilapia son lo suficientemente pequeñas para ser sopesado todas al mismo tiempo, entonces eso sería la más precisa. Por cierto, el mejor método para pesaje de cualquier tamaño, tilapia es primero pesan un balde de agua a un peso conocido utilizando una balanza digital y, a continuación, agregar la tilapia al agua y pesar de nuevo. El aumento es el peso de la tilapia.

El siguiente paso es determinar la tasa de crecimiento normal. Si la tilapia son entre dos y cinco pulgadas de largo, la tasa media de crecimiento es de 4% por día. Si la tilapia son entre cinco y seis pulgadas de largo, la tasa media de crecimiento es de 3% por día. Si la tilapia son más de seis pulgadas, y menos de ocho meses de edad, la tasa media de crecimiento es de 1,5% por día. Si la tilapia son entre ocho y doce meses de edad, y su tasa de crecimiento es .5% por día. Si su tilapia tienen más de un año de edad, darles de comer lo que quieran comer en cinco minutos dos veces al día como su tasa de crecimiento ya no puede ser medido en días.

Ahora que usted sabe su peso y su tasa de crecimiento, desea darles su peso en el alimento por su porcentaje de crecimiento para el día. Por lo tanto, si usted tiene 1.000 gramos de tilapia que son los tres pulgadas de largo, usted querrá comenzar por alimentarlos con 40 gramos de alimento (1000 x .04). Si estás comenzando con 1.000 gramos de tilapia de 5 pulgadas, querrá comenzar por alimentarlos 30 gramos de alimento (1000 x .03). Si usted tiene 1.000 gramos de tilapia que son siete pulgadas de largo y menos de 8 meses de edad, puede empezar con 15 gramos de alimento. Ahora viene la parte difícil, porque al día siguiente su pescado pesará un poco más. Cuánto más? Pues créalo o no, deben ser los días anteriores el peso, además de su tasa de crecimiento. Por lo que no sólo le da a sus tres pulgadas de alevines de tilapia 40 gramos de alimentos, que creció en la misma cantidad y al día siguiente puede calcular sus nuevos valores de alimentación utilizando su nuevo peso de 1.040 gramos.

Recuerde la regla de oro de la alimentación: que si la tilapia no puede comer toda la comida en menos de 5 minutos, darles de comer menos. Un par de factores que pueden afectar la cantidad de alimentos que la tilapia va a comer son la temperatura y la enfermedad. Busque signos de que estás más de alimentación, tales como los alimentos o los filtros sin tocarla volviendo anormalmente "full" en un corto período de tiempo. Si reduce la cantidad de alimentos que se da y hay todavía sin tocarla alimentos, tomar una mirada cuidadosa a su tilapia en busca de signos de enfermedad, tales como nadar lentamente o letargo, una aparente falta de miedo de su mano, la falta de dinamismo, llagas, etc. Compruebe su temperatura del agua para asegurarse de que no está cerca de los límites de su supervivencia. Si todo se verifica, entonces reducir sus alimentos aún más. Recuerde que la tilapia puede ir durante varios días sin comida, así que no ser aprensivo acerca de disminuir sus alimentos hasta que todo ser comido. Oh, y vuelva a comprobar sus cálculos. Muchos agricultores de tilapia accidentalmente han olvidado el cero y se multiplica el peso por .4 en lugar de .04.

LA TILAPIA NECESIDAD NÚMERO 4 – LUZ

Si alguna vez has visto un acuario de alevines de tilapia en la noche, la vista es bastante inquietante. Cientos de peces arremolinándose alrededor, como cadáveres, aparentemente atrapados en las invisibles corrientes submarinas. La primera vez que encienda las luces, la única manera que usted sabrá que no están todos muertos es que están en posición vertical, en lugar de arriba abajo y lateralmente. Es muy claro que la tilapia necesita luz para sobrevivir. Sin luz, no mueva ni comer, y morirán. Entonces la pregunta es, ¿cuánta luz se necesita?

En acuarios, tilapia puede observarse flotando en la trayectoria de un rayo de luz solar, brilla a través de su agua. En estanques de acuicultura donde hay una mezcla de la luz directa del sol y sombra, tilapia parece preferir el lado soleado sobre el lado de la sombra. Existen varias explicaciones para este comportamiento; muchos de ellos plausibles. Pero cualquiera que sea la teoría que se inclinan a creer, es evidente que la tilapia prefieren una brillante, estanque, llenado de luz.

En nuestro criadero, brindamos nuestra tilapia con 18 horas de luz al día, utilizando una combinación de sol y luz eléctrica, que permanece hasta la medianoche. ¿Por qué? Ya que la tilapia tiene luz, más tiempo permanecerán activas; cuanto más comen, y crecerán más rápido. Hay un montón de trucos para tener éxito con una incubadora (o granja) y utilizando la luz para extender el horario de metabolismo de los alimentos es uno de ellos.

Por supuesto, la mejor luz que usted puede darle a su tilapia proviene directamente del sol. Además de ser un muy potente fuente de luz, la luz del sol puede ser dirigido con la utilización de la energía solar de tubos y espejos, para crear el estanque de llenado de iluminación. En estanques, intensamente iluminada sombra está justo sobre la derecha. El tipo de luz que se encuentra dentro de un bastidor de frío cubierto de plástico de invernadero, es otro gran ejemplo. Si usted puede proporcionar una parte de la luz solar directa para la tilapia, que es incluso mejor. Por encima de todo, la luz del sol es totalmente libre, haciendo automáticamente la mejor elección para el cultivo de tilapia comercial. De hecho, el único inconveniente a la luz solar, es la longitud de onda de luz no deseados que vienen con él, como la luz ultravioleta e infrarroja.

La segunda mejor fuente de iluminación para cualquier estanque, comercial o residencial, es uno de los que ofrece la *radiación fotosintéticamente activa* o "par". Estas son las luces utilizadas por hydroponic y cultivadores aquaponic porque ofrecen el espectro de luz completo utilizado por las plantas durante la fotosíntesis. No se emiten los fotones (luz) que pueden dañar a las células y tejidos, como luces de longitud de onda más corta posible; y la mayor parte de las veces, todo el espectro de par está dentro del rango visible por el ojo humano. En otras palabras, son bastante seguras para los seres humanos y los peces. Estas son también las luces preferido utilizar para "extender el día" para la actividad de peces. Además, funcionan a la perfección para hacer crecer las plantas, si es que eso es parte de su operación de cultivo de tilapia.

PAR iluminación viene en muchas formas diferentes. Algunas de las más populares son de *descarga de alta intensidad* (HID) tipos, tales como *sodio de alta presión* (HPS) y *de halogenuros metálicos* (MH) comercial de tilapia, luces HID son preferibles, debido a su intensidad, lo que permite que la fuente de luz se coloca más lejos del agua. Otras opciones, tales como luces fluorescentes de espectro par son baratos. Sin embargo, su relativamente baja producción, requiere que se coloquen más cerca de la superficie del agua de las luces HID. Las nuevas tecnologías, tales como LED y Plasma, consumen mucha menos energía y producen muy poco calor. Por desgracia, también vienen con un precio muy elevado.

Como último recurso, puede utilizar la iluminación fluorescente de longitud de onda única, siempre que sean daylight equilibrado entre 5.000 y 5.500 grados Kelvin. En caso de que no pudiera ya saben, Kelvin es la temperatura del color, no es una medida del calor, o la longitud de onda, como se ha mencionado anteriormente. Esto es comparable con el tono de una fuente de luz, si eso le ayuda a comprender mejor. La luz del sol tiene una temperatura de color de entre 5.000 y 5.400 grados Kelvin, y cielos nublados son de 5.500 a 6.000 grados Kelvin. Puede obtener luz lámparas fluorescentes equilibrado en cualquier tienda home center; usted no necesita comprar costosos de iluminación del acuario. Tan importante como la temperatura de color es la verdadera potencia. Sus lámparas necesitan tener suficiente potencia para cortar a través de la luz y agua de la parte inferior de su estanque. Aún así, la iluminación fluorescente palidece en comparación con la luz solar directa o indirecta y luces HID.

LA TILAPIA NECESIDAD NÚMERO CINCO - ESPACIO PARA NADAR

La tilapia tolerar las condiciones de hacinamiento, mejor que la mayoría de las especies de peces, pero tienen sus límites. Un número mayor de tilapia pueden fácilmente agotar el suministro de oxígeno compartida más rápido de lo que se va a sustituir. El oxígeno que se sitúa apenas a unos mínimos de supervivencia puede causar daño a los órganos y otros tejidos sensibles, lo que conduce a la enfermedad. El hacinamiento provoca estrés que conduce a hacer más lenta la respuesta del sistema inmune y poca resistencia a las enfermedades. Además, bajan los niveles de oxígeno también reduce el potencial Redox del agua, haciendo de la tilapia aún más susceptibles a los patógenos. La triple calamidad de estrés, la disminución de oxígeno, y bajado Redox, son una invitación abierta para enfermedades como el estreptococo, Aeromonas, o columnaris, ninguno de los cuales puede ser curada económicamente.

En un estanque de agua limpia, aireación de superficie normal apoyará una *densidad* de dos libras de tilapia por cada pie cúbico de agua. Esa es una de tilapia una libra por cada 3.74 galones de agua. Con el uso de oxígeno suplementario, una densidad de cinco libras por pie cúbico puede lograrse. La mayor densidad de cultivo de tilapia documentada que hemos encontrado fue de 7 libras por pie cúbico. Sin embargo, se trata de un sistema experimental, que utilizó el oxígeno líquido para elevar los niveles de O2 por encima de 150 ppm.

Realidad: se declaró falsamente, por varios alevines de tilapia, vendedores y distribuidores de sistemas aquaponic, que una "densidad" de un pez por galón de agua es "lo que todo el mundo lo hace". Esta es una invención de marketing y sólo es posible si se proponen a sus clientes cosechan sus tilapia cuando alcanzan un ¼ de libra, produciendo un par de una onza de pepitas.

Es importante distinguir entre el volumen de agua en un sistema, y en la zona de agua disponible para la tilapia. Mientras que el volumen de agua juega un papel importante en la disponibilidad de oxígeno disuelto, no tienen un efecto sobre el estrés causado por la estrecha cuartas partes de un entorno de hacinamiento. Incluso en aguas abiertas, donde el cultivo de tilapia la tilapia son criados en redes con suspensión potencialmente interminable el oxígeno disuelto, el hacinamiento puede conducir a enfermedad, supresión de alimentos, y de crecimiento lento.

Punto crítico: Algunos pequeños agricultores utilizan tilapia *volumizing tanques* o tiene una gran cantidad de agua contenida en aquaponic balsas flotantes, pero esta agua no debe ser considerado en el cálculo de la densidad de un estanque de tilapia. Sólo el área que está ocupada por los recuentos de tilapia.

LOS SISTEMAS DE CULTIVO DE TILAPIA

Cultivo de tilapia es nada más que el acto de criar tilapia en cautividad hasta que alcanzan el tamaño de la cosecha deseada. Mientras la tilapia se alcancen las metas del agricultor, la granja es satisfactoria; y no hay discusiones con éxito. Usted puede estar en desacuerdo con los métodos del agricultor, pero eso no les hacen mal. Cada comunidad es diferente, cada agricultor tiene sus propios objetivos, y cada granja tilapia utiliza diferentes métodos.

Por supuesto, *si* uno de los objetivos del granjero de tilapia es la cría de tilapia a un costo a la par con la tienda de comestibles, o para la re-venta a un precio competitivo, el éxito puede resultar más difícil. Esto es porque, mientras que la tilapia es bastante sencillo, criar tilapia *económicamente* requiere un estudio en profundidad de todos los recursos y métodos disponibles. En algunas situaciones, puede no ser posible para una operación de cultivo de tilapia para alcanzar sus objetivos; mientras que en otros, hacer unos pequeños retoques a un proceso o dos puede ser todo lo que sea necesario. Para los fines de esta guía, vamos a suponer que usted desea ser tan eficiente como sea posible. En aras de la brevedad, sólo mencionaremos aquellos procesos que cumplen este criterio. En casi todos los casos, existen otros métodos disponibles, pero a nuestro conocimiento, ninguno de ellos es más rentable que los métodos que hemos cubierto aquí.

Vamos a construir una hipotética granja tilapia desde cero. Vamos a presentar todas las opciones económicas, pero en última instancia, a fin de avanzar en este sentido, las decisiones tendrán que ser realizados. Por favor, siéntase libre de elegir las alternativas para satisfacer sus propias necesidades; el resultado final será el mismo.

El ciclo del agua

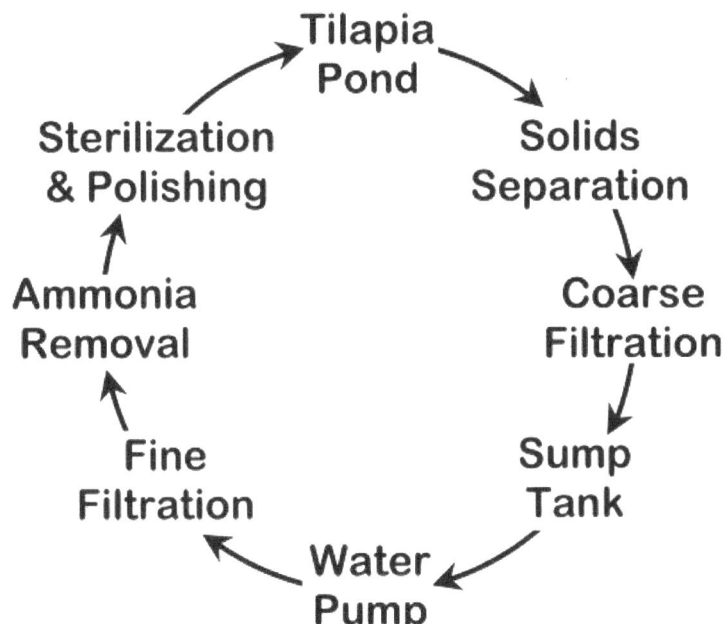

El diagrama anterior muestra el ciclo del agua en un sistema de acuicultura de recirculación. El agua sale del estanque de tilapia y fluye dentro de la unidad de separación de sólidos. Después de sólidos pesados están separados, el agua continúa a través de una etapa de filtración gruesa. Una vez que los grandes neutralmente boyantes partículas son capturados, el agua continúa hasta la parte más baja del sistema, conocido como el tanque del cárter. Hasta este punto, *todo el flujo de agua se ha logrado*

utilizando la gravedad o la presión hidrostática. La razón de esto es evidente solo para un experimentado productor de tilapia, sin embargo, no estaríamos mucho de un guía si no llegamos a compartir algunos secretos.

- La tilapia caca es mucho más fácil capturar cuando está en pedazos grandes. Utilizando la fuerza de la gravedad o la presión hidrostática, la caca sigue intacto. Si utiliza una bomba de agua antes de que estos pasos de filtración, se reducen considerablemente su eficacia.

Punto crítico: Cualquier tilapia diagrama que muestra el agua bombeada desde el estanque de tilapia o coloca una bomba en cualquier lugar de la parte delantera del separador de sólidos o unidad de filtración gruesa, está mal concebida. Y sí, hay materiales de cursos universitarios que hacen de este error.

Ahora bajo presión, el agua se bombea desde el sumidero del tanque a través de un filtro de partículas para eliminar sólidos diminutos a doble dígito en micrones de tamaño. Después de que las partículas finas son removidos, el agua pasa a través de una etapa de extracción de amoníaco donde el gas de amoníaco es bien absorbido o eliminado. Finalmente, el agua pasa a través de algunas etapas de pulido opcional y esterilización. Estos pasos se utilizan típicamente en una base como-necesaria, sin embargo, algunos pasos, como la esterilización ultravioleta, puede ser aplicado de forma permanente. Después el agua se devuelve al estanque, para iniciar su viaje de nuevo.

Opcional: También es posible extraer el gas de amoníaco del agua mediante aireación antes de entrar en el sumidero, o en una moda de recirculación y regresa al sumidero. Este método inyecta un gran volumen de aire en la parte inferior de la columna de agua creando aireación vigorosa que esencialmente *sopla* el gas amoníaco fuera de la contención, dejando el agua detrás.

El ciclo del agua de Acuaponía

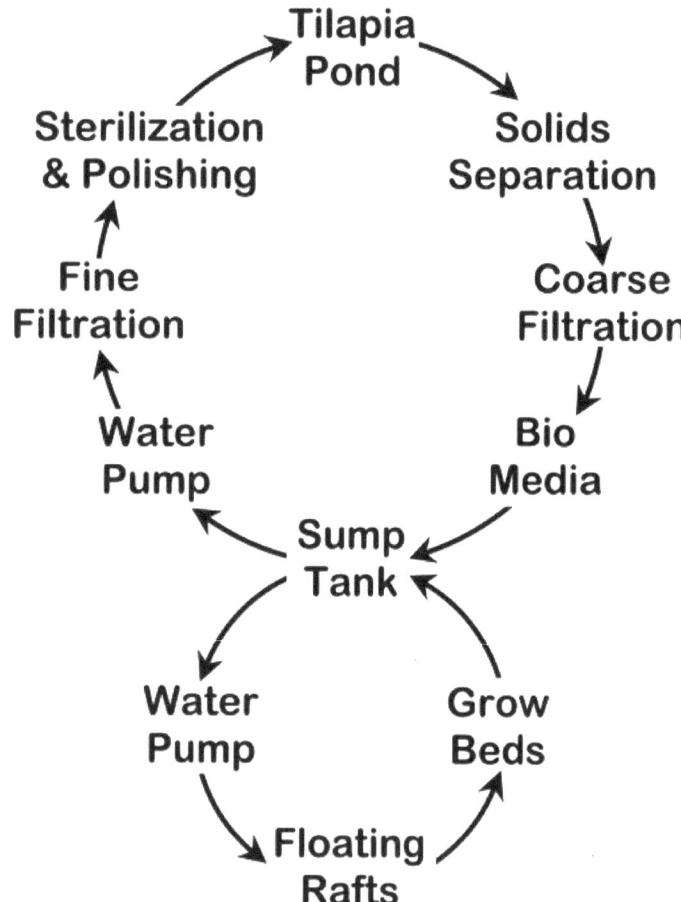

Para convertir nuestro diagrama de ciclo de agua de recirculación En acuaponía, tenemos que omite el paso de extracción de amoníaco, y agregar bio media antes del sumidero. Entonces simplemente bombear agua desde el sumidero, a través de las camas crecientes, y deje que se vacíe en el cárter. Esta no es la única manera de sondear una sistema de acuaponía, sino cómo lo hacemos. Este flujo mantiene los desechos sólidos a un mínimo dentro de nuestro crecer camas y reduce nuestra dependencia en las camas de crecer como bio media. Este diseño también nos permite desconectar el lado de acuicultura de la hidroponía en cualquier momento, por cualquier razón. También cabe señalar que la colocación de balsas flotantes y las camas crecientes en el caudal de agua no importa. Su sistema puede colocar las camas crecientes antes del balsas flotantes. En nuestro caso, la pendiente de nuestra propiedad tomó la decisión para nosotros.

Punto crítico: Recuerde, usted está ejecutando un sistema de acuaponía, no una planta de tratamiento de aguas residuales. Peces todavía caca es caca. Un saco de estiércol no provienen directamente de las vacas extremo trasero. Ha sido compostados y mezclados con otros materiales para ser transformados en abono. Las heces de los animales que entren en contacto con las plantas es cómo terminamos con E. coli en tierra para granjas. Búsquelo usted mismo. Utilizar siempre algún tipo de separador de sólidos o cualquier otro método de filtración para evitar el pescado crudo caca entren en su planta crecen camas.

Planta-centric vs. fish-centric

Cuando se descubrió por primera vez acuaponia, probablemente cayó en una de las dos escuelas. Usted piensa acerca de todas las verduras que iba creciendo el uso libre de desperdicios de pescado como fertilizante; o usted piensa acerca de todos los peces que iban a subir, mientras que el uso de plantas para ayudar a mantener el agua limpia. Básicamente, se preocupaba más por las verduras, o más sobre el pescado. Muy pocos cultivadores aquaponic están igualmente preocupados por ambos y, menos aún, se esfuerzan para maximizar su producción de pescado y verduras simultáneamente.

Este desequilibrio es más evidente en acuaponía aulas, donde la producción de peces se mantiene al mínimo necesario para atender las necesidades de las plantas; o sistemas aquaponic diseños que equiparar el número de peces que puede ser elevado, a los metros cuadrados de la horticultura camas. La idea de *equilibrio* en Acuaponía es malarkey. Tengo la sospecha de que estaba compuesto por los primeros pioneros de acuaponia, que permiten el flujo de aguas residuales de pescado crudo en sus camas de crecer, matando a sus plantas, después de intentarlo de nuevo con menos pescado, lentamente añadiendo más y más hasta que empezó a matar a las plantas de nuevo, eventualmente encontrar *el "equilibrio"*. Lamentablemente, la nebulosa de conceptos como esto continúe para difuminar lo que de otro modo serían considerados sentido común.

La verdad, empecé por elevar en un sistema hidropónico de hortalizas y criar peces en un system del aquaculture. Eran dos cosas separadas por completo. Ambos diseñados y operados por el máximo rendimiento de su espacio disponible. Así que cuando he creado mi primer sistema de acuaponía, todo lo que tuve que hacer fue conectar el sumidero de mi estanque para el depósito para mis plantas y voila, tenía un sistema de Acuaponía. Porque yo nunca fue gravada con la idea de que yo tenía que lograr un cierto equilibrio, he movido hacia adelante con éxito felizmente ignorante. He crecido como muchas plantas y planteado como muchos peces como yo quería.

CÓMO REALIZAR CORRECTAMENTE EL CICLO DE SU ESTANQUE O SISTEMA DE TILAPIA

¿Qué es "la cicleta"?

El ciclismo es la palabra que los entusiastas de peces utilizan para describir el proceso de "consolidación" de las colonias de bacterias nitrificantes en tanques, acuarios y estanques. Muchos peces son muy sensibles incluso a bajos niveles de ionizado de amoníaco y nitritos. Así que antes de un aquarist se atreve a poner sus plantas ornamentales en un recién creado sistema, sería prudente para ellos para asegurarse de que las Nitrosomonas y Nitrobacter estaban bien establecidas.

El "ciclo" se refiere al patrón específico que es visible en los kits de prueba y equipo. En primer lugar, el total de pruebas de amoníaco en 0 ppm, luego sube lentamente a 8 ppm y más allá. Tras el amoníaco ha estado aumentando durante unos días, nitrito aparece y sube desde 0 ppm Hasta 5 ppm y superior. Como el nitrito sube, el amoníaco comienza a caer hacia abajo a 0 ppm. Poco después comienza a elevarse de nitrito, nitrato aparece y comienza su ascenso. El aumento de nitrato también envía señales a la eventual caída de nitrito. Finalmente, amoníaco y nitritos caer a 0 ppm, y nitrato inicia una lenta subida hacia arriba. En este punto, el "ciclo" es completa.

Normalmente, las personas utilizan menos caro el pescado a "pre-ciclo" sus acuarios. De agua dulce, la mayoría de las personas utilizan goldfish, y en agua salada, la mayoría de las personas usan doncellas. Estos son normalmente caracterizadas como "sacrificio" de pescado por las tiendas de mascotas, con la esperanza de vender los cíclidos más rentables y lengüetas después de las bacterias nitrificantes es establecido.

Está pre-ciclismo necesario antes de la introducción de la tilapia para su sistema?

Absolutamente no! De hecho, es una completa pérdida de tiempo.

La mayor parte de los conocimientos que tiene la gente acerca de los alimentos pescado viene desde la cría de ejemplares ornamentales en casa en su acuario. Sin embargo, este conocimiento no es aplicable para Criar rodaballo para la agricultura o para propósitos de Acuaponía. Por supuesto, esto no impide que personas bien intencionadas de hacer declaraciones autorizadas sobre el ciclismo de acuicultura o sistemas de acuaponia. El mundo está lleno de peces sillón expertos que tienden a abarcar demasiado, sin conocer realmente.

Por supuesto, sería fácil para mí hacer las declaraciones mencionadas y andando, pero al hacerlo se me puso en la misma categoría que el resto de "expertos". Así que voy a explicar cómo realizar correctamente el ciclo de su estanque o sistema de tilapia.

Por qué pre-ciclismo no es requerido en tilapia y acuaponía.

Pre-ciclismo no es necesario porque la tilapia no están en ningún peligro durante el proceso. La primera toxina de la nitrificación ciclo es el amoníaco, pero a un pH de 8,0 o menos, el amoníaco es casi completamente no tóxico para la tilapia. En acuaponía, donde el pH se suele mantener por debajo de 7.0, la forma de amoníaco tóxico aunque casi no existe. El siguiente compuesto tóxico es el nitrito, que *es* realmente tóxicas a la tilapia. Sin embargo, el sólo afectan a nitrito que tiene en tilapia, es reducir la cantidad de oxígeno que la sangre puede absorber. A los niveles constatados durante el ciclo de nitrificación, no es mortal para la tilapia. A menos, por supuesto, te obligan a ejercer ellos mismos. Haga su mejor para no asustar por unos pocos días, mientras que la Nitrobacter oxida el nitrito. La última parte del ciclo, nitrato, simplemente no es tóxico en los niveles encontrados en tilapia.

Otra razón por la que pre-ciclismo es inútil, tiene que ver con el hecho de que el número de colonias de bacterias apoyado está determinada en última instancia por el amoníaco. Goldfish fuera muy poco amoníaco comparado a la tilapia. Por lo tanto, un sistema que ha establecido Nitrosomonas y Nitrobacter colonias, en cantidades suficientes para goldfish, serán instantáneamente abrumado por la tilapia. El "ciclo" empezará de nuevo, resultando en un aumento de amoníaco y nitritos, como si el pez nunca estuvieron allí en absoluto.

Así, en pocas palabras, la mejor forma para moverse de un sistema completamente nuevo, es mantener el pH a 7,0 o inferior, y permitir que las bacterias nitrificantes ajustar sus números para acomodar la producción de amoníaco de la tilapia.

ALIMENTACIÓN DE ALEVINES DE TILAPIA AL TAMAÑO DE COSECHA

Es todo acerca de la economía

¿Cuál es el punto de ahorrar dinero en comida, si tiene que alimentar a su tilapia por un adicional de 100 días? Como hemos dicho, la tilapia azul de grado alimentario pueden crecer más de una libra en tan sólo 240 días. Sin embargo, algunas personas no pueden obtener su tilapia a crecer a una libra en un año completo, si nunca. Cuanto más usted alimenta su tilapia, más les costará por libra. Y no sólo el costo de los alimentos, electricidad, tratamiento de agua, el filtro de reemplazo de medios, esterilizador de longevidad, uso de productos químicos, así como de costes del empleado (o de su propio tiempo valioso). Estos costes ocultos se acumulan rápidamente, y puede hacer sus propios filetes de tilapia más caros que comprados al por menor.

La tilapia sólo crecen rápido cuando se conservan en condiciones óptimas y alimentados con una dieta nutricionalmente perfecto en medir con precisión las porciones. La tilapia experimentados los agricultores conocen la fecha exacta en que cosecharán sus peces. De esta manera pueden proyectar sus ingresos futuros y planear con anticipación para su procesamiento y envasado. Ellos saben exactamente cuál es su coste será, antes de que pongan sus alevines crecen en el estanque. Su éxito depende de la precisión y raramente conjeturar acerca de nada. Más significativamente, ellos saben exactamente lo que cada uno y cada tilapia costará a elevarse y puede comprometer su cosecha para la venta antes de que incluso han sido incubados.

Cambio de punto de partida: Cada Tilapia produce tres valiosos productos: filetes, harina de pescado, y los fertilizantes. Los filetes son el producto que todo el mundo sabe lo que es mejor, pero ¿qué pasa con el resto de los peces? Secarlo, moler en un molino, y usted tendrá una harina de pescado que se vende a 10 dólares la libra, en el centro de jardinería. Y no deseche su caca de tilapia. Verter a través de un pad de poliéster, y colóquelo en el sol para secar. En grandes granjas de tilapia, mandan caca directamente desde el filtro de tambor en una cinta transportadora de secado, lo que produce una montaña de caca de húmedo. Ellos utilizan este para producir un fertilizante de muy alta calidad. Este es el motivo por el cual la composición de desechos de pescado es tan importante.

Alimentación de tilapia gráficos

Hay tres tablas de alimentación que se presentan a continuación. Estos son sólo aplicables a la pura cepa de grado alimentario tilapia azul y pura cepa Food Grade tilapia del Nilo. Ellos muestran la cantidad exacta de alimento para crecer cada día del período. Todo lo que tienes que hacer es determinar exactamente cuánto pesa 100 de la tilapia, y alimentar el importe exacto indicado para ese día. Entonces usted simplemente siga junto con cada día subsiguiente hasta llegar a una libra. Usted sólo tiene que sopesar su tilapia una vez, porque los próximos días ya se ha calculado el peso.

Si usted tiene más, o menos de 100 alevines, usted tendrá que calcular la diferencia, sin embargo, afortunadamente, el 100 es un número sencillo para multiplicar y dividir. Sólo asegúrese de que usted cumple con todos los requisitos en la parte superior de cada gráfico.

Los gráficos a continuación alimentación tendrá 194 días para completar. Puede reducir el tiempo total de 180 días o incluso menos por alimentar un poco más al principio de cada gráfico, y luego apagado para que coincida con las pesas al final. Esto requiere cierta práctica y un ojo vigilante sobre la calidad del agua, pero puede merecer la pena el esfuerzo para golpear a una determinada fecha de cosecha. Si usted decide acelerar la alimentación tablas de esta manera, asegúrese de cambiar a la siguiente comida cuando su tilapia alcanzan el peso final que figuran en cada gráfico.

Por ejemplo: Usted puede comenzar el primer gráfico alimentando un extra de 9,45 gramos de alimentos en el primer día y, a continuación, reduzca el monto extra por medio gramo al día hasta los peces pesan 28 gramos cada una. Puede iniciar el segundo gráfico alimentando un extra de 28,4 gramos luego decaer por 1,2 gramos por día hasta los peces pesan 57 gramos cada una.

Día 28 crecer feed gráfico de 1/3 onza a 1 onzas

Requisitos:
Grado alimentario o azul Nilo alevines.
Alevines Starter 300 1/16 naufragio pellet.
La temperatura del agua de 88 grados Fahrenheit.
Toda la superficie de ventilación.
Estanque de máxima densidad de 32 onzas de peso de tilapia por pie cúbico de zona de baño.

Día	Peso de tilapia (100 gramos)	Cantidad de alimento por la tilapia (100 gramos)
1	945.0 (33.3 onzas).	37.8
2	982.8	39.3
3	1022.1	40.9
4	1063.0	42.5
5	1105.5	44.2
6	1149.7	46.0
7	1195.7	47.8
8	1243.5	49.7
9	1293.2	51.7
10	1344.9	53.8
11	1398.7	55.9
12	1454.6	58.2
13	1512.8	60.5
14	1573.3	62.9
15	1636.2	65.4
16	1701.6	68.1
17	1769.7	70.8
18	1840.5	73.6
19	1914.1	76.6
20	1990.7	79.6
21	2070.3	82.8
22	2153.1	86.1
23	2239.2	89.6
24	2328.8	93.2
25	2422.0	96.9
26	2518.9	100,8
27	2619.7	104.8
28	2724.5	109,0
*	2833.5	**Cambiar al agricultor 400**

24 días de alimentación crecen en gráfico de 1 onza a 2 onzas

Requisitos:
Grado alimentario o azul Nilo alevines.
Cultivador 400 3/32 naufragio pellet.
La temperatura del agua de 88 grados Fahrenheit.
Toda la superficie de ventilación.
Estanque de máxima densidad de 32 onzas de peso de tilapia por pie cúbico de zona de baño.

Día	Peso de tilapia (100 gramos)	Cantidad de alimento por la tilapia (100 gramos)
1	2835.0 (100 onzas).	85.0
2	2919.0	87.6
3	3006.6	90.2
4	3096.8	92,9
5	3189.7	95.7
6	3285.4	98.6
7	3384.0	101.5
8	3485.5	104.600
9	3590.1	107.7
10	3697.8	110.9
11	3808.7	114.3
12	3923.0	117,7
13	4040.7	121,2
14	4161.9	124.9
15	4286.8	128.6
16	4415.4	132,5
17	4547.9	136,4
18	4684.3	140,5
19	4824.8	144.7
20	4969.5	149.1
21	5118.6	153.6
22	5272.2	158.2
23	5430.3	162.9
24	5593.2	167.8
*	5761.0 (aprox 200 onzas)	**Cambiar a 4000 Denso**

142 días de alimentación crecen en gráfico de 2 onzas de 16 onzas

Requisitos:
Grado alimentario o azul Nilo a menores a adulto.
4000 Denso 3/16 pellet flotante.
La temperatura del agua de 88 grados Fahrenheit.
Toda la superficie de ventilación.
Estanque de máxima densidad de 32 onzas de peso de tilapia por pie cúbico de zona de baño.

Día	Peso de tilapia (100 gramos)	Cantidad de alimento por la tilapia (100 gramos)
1	5669.9 (200 onzas).	85.0
2	5754.9	86.3
3	5841.2	87.6
4	5928.8	88.9
5	6017.7	90.3
6	6108.0	91.6
7	6199.6	93.0
8	6292.6	94.4
9	6387.0	95,8
10	6482.8	97.2
11	6580.0	98.7
12	6678.7	100.2
13	6778.9	101.7
14	6880.6	103.2
15	6983.8	104.8
16	7088.6	106.3
17	7194.9	107.9
18	7302.8	109.5
19	7412.3	111.2
20	7523.5	112,9
21	7636.4	114.5
22	7750.9	116,3
23	7867.2	118
24	7985.2	119,8
25	8105.0	121,6
26	8226.6	123.4
27	8350.0	125.2
28	8475.2	127.1
29	8602.3	129.0
30	8731.3	131.0
31	8862.3	132,9
32	8995.2	134,9
33	9130.1	137.0
34	9267.1	:139
35	9406.1	141,1
36	9547.2	143.2
37	9690.4	145.4
38	9835.8	147,5
39	9983.3	149.8
40	10133.1	152,0

41	10285.1	154,3
42	10439.4	156.6
43	10596.0	158.9
44	10754.9	161.3
45	10916.2	163,7
46	11079.9	166.2
47	11246.1	168,7
48	11414.8 (aprox 400 onzas).	171.2
49	11586.0	173,8
50	11759.8	176.4
51	11936.2	179,0
52	12115.5	181,7
53	12297.2	184,5
54	12481.7	187,2
55	12668.9	190.0
56	12858.9	192.9
57	13051.2	195.8
58	13247.0	198.700.000
59	13445.7	Incluyen 201,7
60	13647.4	204.7
61	13582.1	207,8
62	13789.9	206.8
63	13996.7	210,0
64	14206.7	213.1
65	14419.8	216.3
66	14636.1	219,5
67	14855.6	222,8
68	15078.4	226,2
68	15304.6	229.6
70	15534.2	233.0
71	15767.2	236,5
72	16003.7	240.0
73	16243.8	243,7
74	16487.5	247.3
75	16734.8	251.0
76	16985.8	254.8
77	17240.6	258.6
78	17499.2	262,5
79	17761.7	266,4
80	18028.1	270.4
81	18298.5	274,5
82	18573.0	278.6
83	18851.6	282.8
84	19134.4	287.0
85	19421.4	291.3
86	19712.7	295.7
87	20008.4	300.1
88	20308.5	304.6

89	20613.1	309.2
90	20922.3	313.8
91	21236.1	318.5
92	21554.6	323.3
93	21877.9	328.2
94	22206.0	333.1
95	22539.1	338,1
96	22877.2 (aprox 800 onzas).	343.2
97	23220.4	348.3
98	23568.7	353.5
99	23922.2	358.8
100	24281.0	Que había sido de 364,2
101	24645.2	369.7
102	25014.9	375,2
103	25390.1	380.9
104	25771.0	386,6
105	26157.6	392.4
106	26550.0	398.2
107	26948.2	404.2
108	27352.4	410,3
109	27762.7	416.4
110	28179.1	422.7
111	28601.8	429.0
112	29030.8	435.5
113	29466.3	442.0
114	29908.3	448.6
115	30356.9	455.4
116	30812.3	462.2
117	31274.5	469.1
118	31743.6	476.2
119	32219.8	483.3
120	32703.1	490.5
121	33193.6	497.9
122	33691.5	505.4
123	34196.9 (aprox 1.200 onzas).	513.0
124	34709.9	520.6
125	35230.5	528,5
126	35759.0	536.4
127	36295.4	544.4
128	36839.8	552.6
129	37392.4	560.9
130	37953.3	569.3
131	38522.6	577.8
132	39100.4	586.5
133	39686.9	595,3
134	40282.2	604.2
135	40886.4	613.3
136	41499.7	622.5

137	42122.2	631.8
138	42754.0	641.3
139	43395.3	650.9
140	44046.2	660.7
141	44706.9	670.6
142	45377.5 (aprox 1.600 onzas).	680.7

TODO SOBRE LOS ALEVINES DE TILAPIA

¿Qué son los alevines de tilapia?
Por más que cualquiera que lea esta página ha sido viva, *alevines de la palabra* ha sido utilizada para describir el pescado de un tamaño determinado. De hecho, ya en el siglo XIX, cuando alevines entraron por primera vez en la lengua inglesa, su uso estaba destinado a expresar el tamaño del pescado y en algunos vegetales de manera que todos puedan entender. Sin embargo esto no es nada nuevo, la gente ha estado usando partes de su cuerpo para describir las mediciones durante miles de años.

Salte a la era de la Internet, donde ya no existen las enciclopedias encuadernada y apenas sobre cada línea de descripción es *literalmente* un copiar y pegar de alguien de los errores, y nadie podría ser culpada por creer que los alevines de tilapia son nada más que soso peces pequeños. Sin embargo, existen condiciones biológicas que deben ser satisfechas antes de *cualquier* pez alcanza su etapa de alevines. En el caso de la tilapia, el desarrollo de los órganos sexuales, escamas y aletas funcional, marca la transición de la RFY para alevines. En este punto, los alevines de tilapia saludable pesan cerca de un gramo, y *son de aproximadamente una pulgada de largo*.

Advertencia: Hay un montón de gente con fancy sitios web de venta *"alevines de tilapia"* para los primerizos espera ahorrar unos pocos centavos de los peces para su sistema aquaponic traspatio o estanque. Mire cuidadosamente la descripción o póngase en contacto con el vendedor sobre el tamaño de sus *"alevines"*. La mitad y tres cuartos de pulgada son *fry* no *alevines de tilapia*. La RFY se valen mucho menos de jaramugos porque están sin clasificar y tienen una alta tasa de mortalidad.

CLASIFICACIÓN DE ALEVINES DE TILAPIA

Tres grados de alevines de tilapia
Algunos tilapia son excelentes para el cultivo y la producción de tilapia, algunos son perfectas para sistemas de acuaponia, tilapia y algunos son mejores para la limpieza del estanque. Para utilizar una tilapia que se utiliza mejor para un propósito, de una manera que otro sería mejor, le devolverá el dinero con resultados deficientes. Por ejemplo, me gustaría hacer una terrible atleta. Usted me podía poner la bola en su equipo, pero entonces tendrías que sufren la consecuencia de mi pobre rendimiento y su mala elección. He aquí un breve elenco de la tilapia listo para unirse a su *"equipo"*, junto con una breve descripción de lo que cada uno es más adecuado.

- La tasa de crecimiento rápido – También conocido como *food grade*™. Estos predominantemente masculinas son el grado de tilapia sólo aptas para la Agricultura y la producción comercial. La tasa de crecimiento rápido es necesario para cultivo de tilapia comercial para ser rentable, debido a la magnitud alcanzada durante sus 240 días de crecimiento acelerado. Sólo aproximadamente el 30% de la tilapia se consideran la tasa de crecimiento rápido.
- La tasa de crecimiento mixto – También conocido como *acuaponia grado*™, o *tasa de crecimiento mediano*. Estos son los más adecuados para los sistemas aquaponic y la cría de tilapia al tener la tilapia alcanzan su tamaño de cosecha en diferentes momentos es preferido. Esto permite acuaponia productores para mantener un suministro constante de nutrientes para las plantas, y permite a los agricultores de tilapia de traspatio para comer unos pocos a la vez, mientras que el resto continúan creciendo. También son preferidas para la cría doméstica debido a una mejor mezcla de machos y hembras. Son aproximadamente el 40% de la tilapia caen en esta tasa de crecimiento.

- La tasa de crecimiento lento - También conocido como *estanque grado*™, estas son de crecimiento lento de tilapia predominantemente femenino. Son muy adecuadas como limpiadores del estanque, y en grandes cantidades van a consumir grandes cantidades de algas, y otras molestias de la vegetación. Debido a su pequeño tamaño, tienden a ignorar las plantas acuáticas más grande en favor de la más fina de las algas. Pueden tardar años en crecer hasta un tamaño explotables, que también hacen sus filetes mucho más *salvaje* que sus hermanos de más rápido crecimiento. Alrededor del 30% de la tilapia son de crecimiento lento; aproximadamente la mitad de los cuales son runts, que nunca crecerá más de seis pulgadas.

Nota: Hay un número alarmante de la lenta tasa de crecimiento *criadero rechaza* ser regalados por granjas de tilapia sólo para volver a aparecer en la Internet que se venda como *"alevines de tilapia"*. Peor aún, algunos de estos vendedores son la cría de estos cultivadores lenta, ayudando a difundir aún más la dominación de sus rasgos indeseables. Aunque la mayoría de estos vendedores comercializar sus pescados en Ebay, no hay escasez de quienes tienen sitios web muy bonita. La única arma que tiene contra estas personas es su propia inteligencia. Las posibilidades son, si su sitio web sólo contiene lugares para gastar su dinero, o que están en Ebay, usted no está recibiendo lo que están pagando.

Comprender los 240 días del período de crecimiento acelerado

Durante años, los agricultores han confiado la tilapia comercial Lakeway Tilapia a entregar alevines con las tasas de crecimiento más rápido. Pero ¿qué importa? Bueno, prepárese para pensar como un productor de tilapia comercial y le mostraremos.

Como seres humanos, estamos familiarizados con la relación entre la pubertad y el crecimiento acelerado. Nuestros primeros años de adolescencia se gastaron crece nuestra ropa con una periodicidad casi mensual. La tilapia tiene un período semejante de crecimiento acelerado, solo sucede en un momento diferente de su vida. Como un ser humano, me empezó a crecer muy rápido alrededor de 13 años, hasta que tuve 16. La tilapia empiezan a crecer muy rápido en el día uno, y continuar creciendo a un menor ritmo acelerado hasta aproximadamente el día 240. Tras lo cual, su tasa de crecimiento se reduce considerablemente.

Nota: Usamos el término de *240 días el período de crecimiento acelerado* para ayudarle a entender lo que está ocurriendo fisiológicamente con la tilapia. Se trata de un cultivo de tilapia comercial término que se refiere a nuestro grado de alimentos o tasa de crecimiento rápido como *cultivadores de tilapia 240 días*. Si alguna vez has mirado un catálogo de semillas, los días de cosecha para cada cultivo se enumeran; es la misma para la tilapia. Los agricultores dependen de este tipo de información para su éxito. Lo importante para recordar es que *toda la tilapia* tienen este mismo período de crecimiento acelerado, la diferencia está en la cantidad de peso que cada ganará durante este período.

Así que digamos que usted es un agricultor de tilapia comercial, y usted consigue una entrega de 10.000 alevines de tilapia Lakeway. Le enviamos la tasa de crecimiento rápido de los alevines que son los 45 días de edad. Ya puedes calcular la cantidad exacta de alimento que usted tendrá que conseguir que los pececillos al tamaño de cosecha, e incluso puede contar 195 días por delante de su calendario, para obtener exactamente la fecha de cosecha. Para usted, no hay misterios. Usted puede arreglar para procesamiento con meses de antelación, e incluso pre-vender su cosecha *antes de* que usted reciba su alevines. Entonces, ¿por qué no simplemente mantenerlos más tiempo si no son de crecimiento rápido? Buena pregunta.

Después de los 240 días de crecimiento acelerado, la cantidad de alimentos que se convierte en la ganancia de peso disminuye considerablemente. Así que una tilapia que convirtió previamente una libra de alimentos en 16 onzas de peso obtenido en sus primeros 240 días, podría tomar otro año, y varios más libras de comida, sólo para ganar unos pocos más onzas. La economía simplemente no existen. Esta es la razón por la cual la mayoría de los agricultores cosechan tilapia comercial poco después de 240 días, con un peso promedio de alrededor de 20 onzas de pura cepa y Nilo Azul de las especies.

Para el agricultor que la tilapia nuevas tiendas por precio único y cae presa al menor costo de sin clasificar los pececillos, los resultados serán muy diferentes. Los 240 días del período de crecimiento acelerado está todavía en juego, pero la velocidad a la cual cada tilapia crecerá durante ese período es completamente desconocido. Algunos serán naturalmente de crecimiento rápido, pero sin ningún tipo de alimentación fiable de estadísticas para todo el grupo el potencial de los cultivadores rápido nunca será desbloqueado. Por supuesto, habrá un montón de cultivadores lento demasiado. Ellos munch lejos en el presupuesto de comida, comer aproximadamente la misma porciones como todos los demás, pero nunca pagar el agricultor en filetes explotables. La mayoría de los alevines no crecerá a un tamaño mínimamente explotables antes sus relojes internos establecer su tasa de crecimiento a un rastreo.

EL VERDADERO COSTO DE ALEVINES DE TILAPIA

Un tamaño de cosecha alrededor de 45% de la tilapia comestible. Hasta un 20 onzas tilapia producirá dos porciones de 4,5 onzas. La tilapia se vende por $4.99 por libra en nuestra tienda local, por lo que voy a usar esa cantidad para mis cálculos. Esto pone a la tienda de ultramarinos precio de nuestros dos 4.5 onza filetes a $2.81. Cuesta unos 0,80 centavos de dólar de tilapia comercial feed, y unos pocos centavos de electricidad y mantenimiento, iré con cinco centavos, a elevar nuestra 20 onzas la tilapia. Lo que empezó como una categoría de alimentos, alta tasa de crecimiento de alevines, que tiene un costo de US $1.40 de la incubadora. Por lo que el coste final de nuestra cena de tilapia es de $2.25. Eso es menos de un dólar por libra de nuestra tienda de ultramarinos precio para más fresco, más limpio y más sano la tilapia.

Ahora vamos a tratar de ahorrar algo de dinero al empezar con jaramugos unsorted aleatorias que nos costó 0.80 centavos cada uno. En lugar de todos ellos crece hasta 20 onzas en 240 días, sólo el 30% de nuestro pescado creció a un tamaño explotables. Otro 30% apenas han crecido hasta 8 onzas, y el restante 40% son una mezcla de pescado entre 8 y 16 onzas cada una. Durante los primeros 240 días, cada pescado todavía cuestan US .85 centavos más el .80 centavos que pagamos para cada uno. Pero ahora sólo un 30% están en un tamaño aceptable. Así que nuestro coste efectivo para este "primer" cosecha es de $5.50 por el pescado. Habrá una segunda cosecha, varios meses más tarde, cuando el oriente 40% han crecido un poco más, pero esto supondrá aún más los costes de alimentación y de cría. El costo por pescado para esta segunda cosecha es mucho menos a sólo 0,85 centavos cada uno. Probablemente no sea una tercera cosecha porque el 30% de los que quedan están creciendo tan lentamente que podría tomar años para elevar.

Para comparar esta a nuestro primer ejemplo, nuestros dos 4.5 onza filetes ahora nos cuestan un promedio de $3,18 en lugar de 2,25 dólares. Dicho de otra manera el costo es de $5.64 por libra, frente a US$4,99 por libra. Los .60 centavos por alevines de guardado por adelantado, ahora termina costándote us 0,66 centavos más, así como varios meses de pérdida de productividad mientras esperamos que el crecimiento más lento en los estanques de peces.

El verdadero costo de alevines de tilapia no se pueden reconciliar los filetes hasta después de que se hayan procesado. La inversión de la alimentación, calefacción y mantenimiento; así como el costo de los empleados, o el valor de tiempo del propietario/operador, es mucho mayor que la diferencia en el precio inicial pagado.

Nota importante: Para aquellas personas de mentalidad comercial que están preguntando: "¿Dónde está la ganancia?", por favor, tenga en cuenta que las granjas comerciales comprar varios miles de alevines de tilapia en un momento por un precio efectivo de entre 11 centavos y 45 centavos cada uno. También compran alimentación de tilapia por tonelada con un importante descuento.

Clasificación alevines de tilapia
Este es un aspecto de la agricultura que puede realmente consiga implicado si querías. Hay trabajos de investigación disponibles en Internet, e incluso puedes suscribirte a la Revista de la acuicultura aplicada, si usted quiere alimentar su interior egghead. Por suerte para usted, por el hecho de que somos un criadero de funcionamiento, nos quedamos en la parte superior de este tipo de cosas, así que le daremos las iluminaciones.

Antes de alevines de tilapia puede ser evaluado, sus hermanos mayores, alrededor del 5%, debe brotar de su etapa de alevines en alevines. No obstante, hay unos procedimientos que deben seguirse antes de la clasificación, con el fin de mantener los resultados exactos. Las principales son:

- Toda la progenie deben mantenerse juntos, en el mismo contenedor, y no se mezclen con los hijos de otras hembras reproductoras.
- La camada debe ser alimentado el tipo y cantidad de alimento.
- La camada debe mantenerse en perfectas condiciones de agua: el pH de 8,0, temperatura de 85 grados, etc.
- La camada debe obtener 18 horas de luz cada día en un temporizador.

Todos estos pasos y más que garantizar que cada tilapia crecerá en su propia tasa máxima y será fácil de comparar con otros cuando ellos son evaluados. A la hora de calificar la tilapia, aquí está el proceso en pocas palabras:

- Poner toda la progenie en la tabla de clasificación. Que es, básicamente, una gran mesa de plástico blanco con una fina capa de agua que contiene canales y orificios.
- Estimar el número total de alevines y juveniles sobre la mesa.
- Con una varita de plástico, mueva la mayor del 30% de la tilapia abajo un canal y en el orificio correspondiente donde se depositan en un recipiente de agua. Esto incluye tanto los alevines y gran república federativa de Yugoslavia.
- Obtenga un nuevo contenedor y repita el proceso para los más pequeños el 30% de la cría.
- Por último, colocar el resto del pescado en un tercer recipiente.

Ahora tienes tres contenedores de alevines, todos de la misma camada, y ha evaluado la tilapia.

Punto importante: No confundir este nivel visual de *longitud* con un *ancho de clasificación La* clasificación. Los defensores del uso de clasificación ancho niveladora paneles o cuadros para atrapar peces más amplio, permitiendo que pase a través de peces más delgado. Este método no tiene en cuenta la edad de la tilapia o si son de la misma camada. Un antiguo estanque grado se atascan en el mismo lado como un joven de grado alimentario de tilapia. Algunos viejos tiempos de criaderos, resistente a los métodos modernos y los cambios en la economía del cultivo de tilapia, han venido promoviendo este método como una manera de confundir la cuestión de la graduación totalmente. Clasificación visual de arriba a abajo la longitud, tal como se ha señalado más arriba, es la única forma de determinar el grado de alimentos de otros grados.

Toda esta clasificación y ordenación se realiza principalmente para satisfacer las necesidades de nuestros clientes de incubación, sin embargo también es de gran beneficio para la tilapia. Incluso con el rápido crecimiento, predominantemente masculino de jaramugos híbridos, algunos individuos seguirán creciendo más rápido o más lento que el resto. Esto es principalmente debido a la genética natural, pero la competencia por la comida entre los individuos más grandes, agrava aún más la situación para los más pequeños la tilapia. Por clasificación de los alevines de acuerdo a su tamaño, podemos realmente dar al menor la tilapia una mejor oportunidad de crecer a su velocidad máxima, aunque con un ritmo más lento que el de sus hermanos mayores. La mayoría llega a un tamaño explotables; les tomará un poco más de tiempo para llegar allí. Sabemos de al menos un artículo publicado que recomienda para gerentes de incubación que destruyen los alevines crecen más lento, pero esta práctica inhumana contra estos lo contrario perfectamente sanos tilapia es imperdonable. La tilapia de crecimiento lento que Great Pond Limpiadores, e incluso puede ser utilizada en sistemas de acuaponia micro, donde la atención se centra más en el cultivo de hortalizas y no tanto en la tilapia.

También existe una mala información en la Internet (sin sorpresas) que atribuye incorrectamente el hecho de que las mujeres tilapia crecen más lentamente que los machos, en otro hecho independientes que las hembras no comer mientras transporta los huevos y alevines en sus bocas. Este es un perfecto ejemplo de alguien incorrectamente conectando los puntos y, a continuación, presentar su mejor conjetura como hecho autorizada por Internet. Entonces, pongamos este uno de descanso. Se ha investigado y publicado que las mujeres, incluso cuando la tilapia aisladas de los machos sin posibilidad de desove, en realidad tienden a crecer más lento en promedio que los hombres. Esto es debido a un rasgo genético que es más común en hembras de tilapia.

Punto de reflexión: Esta es también la razón por la cual mediante inversión sexual hormonas en un esfuerzo por aumentar las tasas de crecimiento, no funciona.

Sería exacto decir que hacemos todo esto en nuestro criadero de clasificación como una medida de control de calidad, destinados a proporcionar el producto más confiable y consistente a nuestros clientes de cultivo de tilapia. También es importante que todos los productores de tilapia a comprender que existen pequeñas diferencias genéticas en cada tilapia, que pueden causar a cada individuo a crecer a un ritmo ligeramente diferente dentro de su categoría. Mientras hacemos un poco en nuestro criadero para el grupo de crecimiento más rápidos y más lentos de alevines y juveniles en conjunto, no son clones unos de otros. Posteriormente, durante la cría, habrá más oportunidades para ordenar la tilapia. Como en todos los seres vivos, incluidos los seres humanos, cada tilapia es ligeramente diferente. Su tasa de crecimiento puede también cambian en función de sus propios mecanismos genéticos, y las condiciones ambientales.

En la granja de tilapia, clasificación por la tasa de crecimiento puede dar la tilapia agricultor una seria ventaja económica con respecto a la competencia. Los tamaños de la tilapia durante el crecimiento variarán ligeramente a medida que maduran, y *cada uno de los* requisitos de alimentación será cada vez más difícil de satisfacer. Esto suprime la menor tasa de crecimiento de la tilapia, debido a la reanudación de la competencia por la comida entre las personas mayores. Clasificación permite un enfoque de "precisión" para alimentación de tilapia que pueden resultar en un ahorro significativo de costosos alimentos de tilapia. La decisión de cómo a menudo a grado, o incluso si o no a grado a todos, recae en el productor de tilapia. Para algunos agricultores, además de la clasificación podría ser poco práctico o competencia de otras granjas de tilapia podría no ser un problema.

EL DESARROLLO DE LA FRY EN ALEVINES DE TILAPIA

Los primeros días de la vida de un joven de tilapia se gastan en la seguridad de la boca de su madre, junto con cientos de sus hermanos. Finalmente la madre ya no puede contener su creciente a granel, y Ella escupe, para nunca regresar. En esta etapa, todos son aproximadamente 3/16th de una pulgada de largo y menos de género. Eso es correcto, no hay ni varón ni hembra. Este es un punto importante para el debate de los alevines de tilapia, porque la etapa de alevines viene *después* del desarrollo de los órganos sexuales.

Brevemente: el género de recién eclosionadas tilapia es determinada por el nivel de estrógenos o de testosterona presentes en su torrente sanguíneo. En la naturaleza, los jóvenes están totalmente indefensos, tilapia y sufren una tasa de mortalidad muy alta. Esto es principalmente debido a la depredación por otros peces. La genética da a los pequeños la oportunidad de luchar de tilapia, dirigiendo toda su energía hacia el desarrollo, tamaño y aplazar la determinación de género, hasta después de la RFY es lo suficientemente rápido para DART en la seguridad de la cubierta. Esta es la razón por la que la tilapia fry puede comer hasta el 20 por ciento de su peso corporal cada día. Son poco creciente de máquinas, en aras de la supervivencia.

Después de unos 21 días, el género de cada tilapia ha sido determinada, y siempre que tengan la condición de otras escalas y aletas, que oficialmente pueden graduarse en alevines de tilapia. Decimos *aproximadamente 21 días*, debido a que el número real de días que incuban huevos de tilapia, así como el número exacto de días que se tarda para freír a desarrollar, es en última instancia determinada por varios factores, incluyendo la tasa de crecimiento de las especies, según lo determinado por la genética individual, la temperatura del agua y la disponibilidad de alimentos. No es raro que incluso la rápida tasa de crecimiento de la RFY a tomar varias semanas más para desarrollar plenamente en los alevines de tilapia en la ausencia de un entorno de crianza profesional, o una nutrición adecuada.

LOS ALEVINES DE TILAPIA NO SON CLONES DE OTRO

Volviendo a la tilapia fry dentro de la boca de su madre, cada individuo ha sido creado con su propio conjunto de características únicas. Estas características son conocidas como *rasgos*. Algunos de estos rasgos son tan fuertes *o dominantes*, que cada tilapia en la progenie heredará, y algunas son tan débiles, que sólo será concedida a unos pocos individuos. Hay rasgos que puedes ver como, por ejemplo, colores y patrones de escala; y hay rasgos que no se pueden ver, como la tolerancia a la temperatura, resistencia a enfermedades y la agresividad. La tasa de crecimiento, la forma del cuerpo, y la propensión a desovar son todos los rasgos que son evidentes después de los alevines de tilapia han ido creciendo durante algún tiempo.

Nota: En la última frase, hemos incluido la *propensión a desovar* como un atributo que sólo puede ser identificado más tarde en la vida de los alevines de tilapia. Muchas personas piensan que cada tilapia tiene un fuerte impulso de procrear. Cuando en realidad, la tendencia a desovar es un rasgo heredado en una base individual como cualquier otro.

Cuando la tilapia azul fry deja la boca de su madre, la única cosa que tienen en común es el hecho de que todos ellos son la tilapia azul. Tendrán unos rasgos dominantes que son compartidos por todos los miembros de la especie. Sin embargo, cada individuo desarrollará ligeramente diferentes colores y patrones de escala a lo largo de la tilapia azul tema común. Aproximadamente un tercio de ellos tendrá rasgos hereditarios que aumentan su metabolismo, haciéndolos crecer más rápido que el resto. En el reverso, otro tercio de ellos heredarán rasgos que hacen que ellas crecen muy lentamente. Toda la tilapia azul se comparten una baja tolerancia a la temperatura de alrededor de 47º Fahrenheit, sin embargo, algunos individuos serán capaces de sobrevivir incluso en agua fría. Las mismas diferencias individuales se aplican a todas las especies de pura cepa de tilapia, incluido el Nilo y Wami.

Nota: pura cepa son las especies tilapia, que originalmente fueron capturados y mantenidos en cautiverio sin ningún sacrificio, cruce, o modificaciones genéticas. Son exactamente como fueron más de 5.000 años atrás, con todos sus rasgos posibles incluidas.

CÓMO COMPRAR ALEVINES DE TILAPIA

No hace tanto tiempo que aquí en la Tilapia Lakeway, nuestro único negocio era servir a granjas de tilapia. De hecho, nosotros no cobramos nada por alevines de tilapia. Nuestro objetivo era mantener las colonias de cría, también conocido como *reproductores*, como un servicio a la acuicultura a gran escala. El resultado final es un cargamento de alevines de tilapia graduada a la granja de los clientes. Seguimos preforma estos servicios hoy.

Hace unos pocos años, cuando acuaponia y la cría de tilapia comenzó a cobrar impulso, nuestros residentes locales empezaron a pedir los alevines de tilapia para sus propios sistemas. En primer lugar, hemos convertido ellos fuera porque todo lo que teníamos que ofrecer fueron los alevines que han sido desechados después de ser evaluado. No podríamos, en buena conciencia, vender esos atrozmente peces de crecimiento lento a nadie, y mucho menos de nuestros vecinos. Pronto nos vino a darse cuenta, sin embargo, que los alevines de tilapia sólo disponibles en el momento en que se descarta el criadero, y otra gente accidental de la RFY. Al final hemos decidido reservar unas cuantas más colonias de cría para la cría de tilapia alevines para nuestros clientes locales.

A medida que pasaba el tiempo, nos dimos cuenta de que por la venta de los alevines de tilapia al público, también teníamos la responsabilidad de educar a estos clientes. Algunas de las preguntas que se nos pidió se basa en mucho antes de des-información, que respuestas fáciles eran imposibles. Peor aún, el abrumador número de personas que venden aleatorio unsorted puñados de alevines de tilapia en el Internet se ha diluido el mercado tanto, que la gente ni siquiera sabía qué pedir. Hemos hecho nuestra misión de educar a la gente acerca de alevines de tilapia y tilapia en general. El resultado es el sitio web que usted está leyendo en este momento.

Nota:
Qué pedir.
- Si usted necesita menos de 500 alevines de tilapia o alevines para cualquier propósito.

La compra de menos de 500 alevines o freír es bastante sencillo. Simplemente decida sobre una especie, y un grado, luego vaya a nuestra página de venta de alevines de tilapia y realizar su pedido

- Si necesitas alevines de tilapia de 330 galón CIB tote.

Utilizando la fórmula de 3.74 galones por libra de tilapia, usted puede poner el tamaño de la cosecha 88 tilapia en uno 330 galón tote. Sin embargo, desde contenedores IBC raramente están llenos a capacidad, usted debe limitar su tilapia a 85. Si el tote es parte de un sistema de acuaponía, debe seleccionar acuaponia o grado alimentario alevines de tilapia. Si necesita ayuda para entender los 3,74 el galón formul.

- Si necesitas alevines de tilapia de 275 galón CIB tote.

Técnicamente, puede poner uno de 73 libras de tilapia en un 275 galón CIB tote. Sin embargo, la mayoría de la gente mantenga el nivel del agua por unos galones, hasta 70 libras de tilapia es un número más razonable.

Acuaponía punto: a la hora de determinar el número máximo de alevines de tilapia para poner en un sistema de acuaponía, considerando sólo los galones de agua disponible para los peces para nadar. No se cuentan el agua en el crecer camas u otros componentes del sistema.

- Si necesita entre 500 y 1.000 alevines de tilapia.

Mientras que el costo individual de los alevines en cantidades de entre 500 y 1000 no exigen el uso de nuestros servicios de incubación, como la cantidad sube, el precio comienza a reflejar los costes de envío de más y más. Por esta razón, le recomendamos que compre alevines de tilapia en lugar de los alevines. Hay un punto en el cual el costo de envío de los alevines es realmente mayor que el costo de construir un tanque de almacenamiento temporal para la cría de tilapia en lugar de freír. Para cantidades de entre 500 y 1000, que son básicamente compartir un costo de entre $160 y $320 para gastos de envío. Si se tiene en cuenta el precio de un acuario o dos para usar mientras la República Federativa de Yugoslavia se desarrollan en los pececillos, se ahorrará un montón de dinero por muy poco trabajo de tu parte.

Asimismo, le recomendamos que compre una cantidad de alevines igual a 2,5 veces el número de alevines de tilapia que realmente desea. La tasa de mortalidad natural de alevines de tilapia, incluso en nuestro entorno controlado por ordenador es alto y en su sistema será aún mayor. Añadir a esto, el hecho de que sólo el 30% de los alevines desarrollarán en grado alimentario alevines de tilapia, y entenderás porqué le recomendamos que compre 2½ veces.

Punto importante: Dependiendo de las condiciones del agua, alevines de tilapia puede descomponerse en sólo unas pocas horas después de morir, dando el pez-keeper la ilusión de que no ha habido muertes.

- Si usted necesita más de 1.000 alevines de tilapia.

Para los agricultores de tilapia que requieran más de 1.000 alevines de tilapia criadero de nuestros servicios son la única opción económica y la única opción viable para la producción de tilapia comercial. Como cliente de servicios de incubación, trabajamos para usted como si usted tenía su propio criadero en-sitio. De hecho, cuando usted considera los costes, impuestos, seguros y pasivos de ejecutar su propio criadero, somos una ganga. Como cliente de servicios de incubación, no tienes que pagar para alevines de tilapia. En su lugar, usted paga una baja cuota mensual basada en el número de colonias de cría que toma para satisfacer sus necesidades. Después de eso, el único gasto es el transporte de alevines de tilapia. En muchos casos esto puede ser manejado por un económico servicio de mensajería. Por supuesto, si lo prefiere, puede recoger su alevines de tilapia en nuestro criadero, y visita con tus reproductores mientras estás aquí.

- Si necesitas alevines de tilapia para control de algas del estanque.

Pre-pedido para la temporada es otra buena manera de ahorrar dinero en grandes compras de una sola vez. Si usted es dueño de propiedad con un estanque, y comprar tilapia cada año para mantener las algas y otras molestias bajo el control de la vegetación acuática, considere la posibilidad de solicitar su primavera estanque stock con unos meses de anticipación. Cada año, hacemos nuestro mejor para anticipar las necesidades de nuestros clientes por primera vez. Sin embargo, con la creciente popularidad de Acuaponía y pequeña acuicultura, esta no es una tarea fácil. Si producimos demasiados peces, nuestros costos suben sin ninguna forma de recuperar nuestra inversión. Si elevamos demasiado pocas, nos vemos obligados a negociar las compras de nuestros clientes el servicio de incubadora comercial que impulsa el costo de los alevines de tilapia hacia arriba. Por pre-ordenar grandes cantidades de tilapia en avance, somos capaces de planear con anticipación para que pueda ser otorgada al precio más bajo posible, y garantiza la llegada cuando el estanque está listo.

GUÍA DE SELECCIÓN DE TILAPIA EN VIVO

Que es el derecho viven especies de tilapia para usted?

La tilapia es un pez tropical que prosperan naturalmente en las aguas muy cálidas de África y el Oriente Medio. Para el agricultor de tilapia, manteniendo una temperatura de agua adecuado es crítico para el éxito de su operación. Antes de que el granjero puede cosechar su tilapia, o más que él puede retrasar el uso de la calefacción de agua artificiales, más rentable será su cosecha. Un Wami/Mozambique tilapia híbrida puede crecer desde una onza de alevines a más de una libra en sólo cuatro meses; y una pura cepa tilapia azul puede sobrevivir en el agua hasta los 47 grados. Cualquiera de estos le daría la tilapia agricultor una ventaja significativa sobre la competencia.

Entonces, ¿por qué hay tantos alevines de re-vendedores empujando varios híbridos del Nilo y la tilapia de Mozambique? Sospechamos que el hecho de que la mayoría de ellos realmente no berlina o granja que venden el pescado es la principal razón. Después de todo, ninguno de ellos tiene que pagar por la electricidad o el espacio interior necesario para mantener la tilapia tropical cálido durante todo el frío invierno. Por supuesto, siempre habrá de criaderos en los estados septentrionales frías publicidad que cualquier *"tilapia" puede ser* cultivada en cualquier lugar. Pero tenga en cuenta que los criaderos de tilapia profesional son las operaciones interiores, y muy pocos de estos lugares realmente la Granja Tilapia que eclosionan.

Punto importante: evitar la compra de tilapia de "incubadoras" operó fuera de un marco frío cubierto de plástico de los invernaderos. Estas estructuras no mantener fuera enfermedad-llevar roedores, insectos y aves.

El importe de las conjeturas y las informaciones contradictorias que rodean tilapia es asombrosa. Para ayudar a poner las cosas en el enfoque, hemos creado esta guía para ayudarle a seleccionar el derecho viven especies de tilapia para tus necesidades.

Punto crítico: En el momento en que escribimos esta página, y varias otras páginas en Tilapia Lakeway, utilizamos el término "Tilapia azul" en referencia a nuestra propia pura cepa tilapia azul de grado alimentario, destinados al consumo humano y económico de la agricultura. En ese momento, sólo nos ofreció la tilapia de grado alimentario para el público, porque el resto eran considerados inferiores y ONU-cultivable. Desde entonces, varios concesionarios aquaponic y tilapia re-vendedores han aparecido en la escena, vendiendo aleatorio unsorted puñados de tilapia azul; alrededor del 70% de los cuales serían considerados inadecuados por cualquier granja comercial.

La tilapia azul no son clones unos de otros. Algunos crecen rápido y algunos crecen lentamente. Nuestra tilapia de grado alimentario son seleccionados por su rápido crecimiento durante los 240 primeros días de vida, mientras que el estanque grado están específicamente seleccionadas por su pequeño tamaño y crecimiento lento. Dondequiera que usted vea la tilapia azul mencionadas en nuestro sitio, a menos que se indique lo contrario, es seguro asumir que nos referimos a nuestra tilapia azul de grado alimentario.

Ya podemos suponer que usted sabe *por qué* desea involucrarse con tilapia. Después de todo, antes de buscar en el Internet y encontrar esta página, que tenía un propósito en mente. Si le sucede a descubrir una nueva dirección como resultado de leer nuestra guía(s)... incluso mejor. Pero mantener su propósito original en mente, a medida que trabajamos a través de éste.

A continuación verá una pocas afirmaciones en texto rojo que corresponden a varias posibles razones por las que usted desea adquirir vivir la tilapia. Usted puede verse tentado a saltar directamente a uno que se aplica a usted, pero leerlos todos, porque cada uno contiene la información que se aplicará a la siguiente. Estamos haciendo nuestro mejor esfuerzo para evitar declaraciones repetitivas y redundantes de lectura, por lo que vamos a decir tan sólo una vez, incluso si se aplica a varios fines. Permite empezar.

MANTENGA EN UN SOLO AGUA SÚPER MINUTO! SOY UN AGRICULTOR AQUAPONICO.

Para aquellos de ustedes que no sabe ya, acuaponia es un sistema que transfiere el agua desde la acuicultura a través del sistema hidropónico de camas crecientes. Las camas crecientes puede ser rellenado con un material sin suelo, o pueden ser llenados con agua, y cubiertos con balsas flotantes. La mayoría de tiendas de comestibles nos llevan ahora "viven" la lechuga, en recipientes de plástico transparente con las raíces aún adjunta, que ha sido cultivado en sistemas hidropónicos.

Desde una perspectiva de selección de tilapia, el hecho de que su funcionamiento es aquaponic no importa. Entendemos que usted tiene más retos que lo haría con una configuración tradicional de acuicultura, pero la cuestión de qué hacer con la cosechada la tilapia, es la misma que para todos los demás. A medida que lea esta guía, no intente adivinar a sí mismo porque de algo que se le dijo acerca de esta especie, o que las especies. Para todos los efectos, los niveles de compuestos a base de nitrógeno, producidos en el sistema será el mismo, no importa qué especies de tilapia que usted elija.

Algunos talleres aquaponic recomendar un todos-macho genéticamente modificado para la tilapia del Nilo aquaponic sistemas comerciales. Esto está siendo enseñado a mitigar el (imaginario) en gran medida los problemas asociados con el desove incontrolada. Desafortunadamente, fuera del sur tropical, el clima tendrá demasiado frío antes de Niles están listos para la cosecha y una considerable inversión puede ser necesaria para mantenerlos vivos. Esto puede afectar significativamente la rentabilidad de la explotación. En su lugar, recomendamos que los cultivadores elegir la especie correcta para su propósito y aprender a evitar el desove no deseados.

Contrariamente a la creencia popular, la tilapia no son las "máquinas" de desove que han sido marcadas. De hecho, es un reto suficiente para llegar a ellos para criar cuando lo desea. La tilapia requieren unas condiciones muy específicas para reproducir correctamente, que simplemente no existen en un sistema aquaponic. Estas condiciones incluyen:

- Una superficie relativamente plana, seguro, por la hembra a poner sus huevos, luego boca en su boca, antes de que sean comidos por el resto de la tilapia.
- Una ubicación que el macho puede defender, mientras que la hembra deposita sus huevos para ser fecundados. Después el macho se suelta rápidamente su esperma, regresa a defender el lugar mientras la hembra recoge los huevos en su boca. Este proceso se repite varias veces hasta que los óvulos son fertilizados. Cada vez, el hombre debe luchar otros peces decididos a comer los huevos.
- La hembra debe tener una disposición a pasar hambre durante aproximadamente dos semanas. En la naturaleza, la tilapia hembra ocasionalmente ocultar sus huevos y freír mientras comen y, a continuación, seleccione la copia de seguridad. En un sistema aquaponic, ella no tiene ningún lugar para esconderse, y no puede comer. Si ella obtiene suficiente hambre, ella va a comer, o escupir.
- Un ambiente relativamente libre de estrés. El estrés puede hacer que una mujer tragarse sus huevos en un trago, o escupir. El estrés puede ser causado por cambios en la química del agua, o el contacto con humanos, tales como las redes.
- Un pH de aproximadamente 8.0. Normalmente, el agua del sistema de acuaponia se mantiene cercana a 6.0.
- Una temperatura de alrededor de 85º Fahrenheit es necesaria para la incubación de huevos oportunamente.

Punto importante: la propensión a desovar es un rasgo genético que existe en grado variable para cada individuo la tilapia.
Aun con todas las condiciones anteriores ausente, tilapia todavía lo hacen, en raras ocasiones, desafiando las probabilidades y desova en sistemas aquaponic. El único problema real asociado con el desove tiene que ver con la joven tilapia comiendo las raíces descubiertas en sistemas de balsa flotante. Aparte de eso, tienen depositadas en los medios de cultivo donde mueren, o masticado por la bomba con los mismos resultados. En la acuicultura comercial, donde no hay plantas para estar preocupados con los problemas asociados con el desove son económicas: aumento de los costes de alimentación, la demora de la cosecha, y la disminución de los rendimientos por peces.

La gran ventaja de *pura cepa* tilapia azul, tiene que ver con la temperatura a la cual pueden prosperar antes de caro se necesita calefacción. Esto puede no parecer mucho, pero esa diferencia de 11 grados entre el Nilo Azul y añade hasta grandes sumas de dinero en el momento de la cosecha. Sin embargo, si la temperatura no es un problema para usted, entonces le recomendamos que llenes tu sistema con predominio masculino Primavera alta híbridos, un cruce especial de Wami y Mossambique. Bajo condiciones óptimas, estos alevines de tilapia puede crecer desde el tamaño de una gran cosecha en tan solo cuatro meses, y puede producir más de 52 por ciento de su peso corporal como filetes de comestibles.

Punto importante: Hay pocas tilapia re-vendedores promover cruces híbridos del Nilo y la tilapia azul. Su reclamación es que estos híbridos tienen la mala calidad del agua, y bajos niveles de oxígeno tolerancias de Niles, y la baja temperatura de las tolerancias de color azul. Esto es un disparate. Cuando los cromosomas se combinan, todas esas "instrucciones" de ADN puede desembocar fácilmente en el peor de todos los rasgos posibles.

ESCOGER EL DERECHO DE VIVIR LA TILAPIA ESPECIES PARA SUS PROPÓSITOS.

"Quiero vender *filetes de tilapia* a tiendas de comestibles, restaurantes, mercados de agricultores y otros consumidores". Por favor, tenga en cuenta que, en esta sección, *solo estamos hablando de* procesado filetes de tilapia.

Desde el momento en que te toque un cuchillo a una tilapia destinados a la venta al público, usted se somete a la FDA y a varias leyes federales. El USDA es responsable de la mayoría de las cosas crecen y criado en granjas terrestres, tales como los cultivos y carne, pero cuando se trata de pescado, la FDA tiene toda la autoridad. En primer lugar, tendrás que ponerte a desarrollar una certificación HACCP (pronunciado hassip) plan para su operación. Esto requiere una cierta formación online, unas 600 páginas de lectura, y un vuelo de avión para un día de examen final por un instructor. Usted también tendrá que tomar un curso en línea de saneamiento, con aún más la lectura. Usted tendrá que aprender sobre el etiquetado obligatorio, como el país de origen y el etiquetado nutricional, hasta el tamaño de fuente que debe utilizarse. Usted tendrá que leer un manual sobre cómo grande traza fehacientemente su producto hacia delante y hacia atrás, en caso de que cometa un error y necesita ejecutar una recuperación de sus productos. También necesitará saber cómo llevar a cabo su recuperación Según lineamientos federales, para mantenerse fuera del agua caliente legal, en caso de que alguien se enferma, o incluso muere, de comer tu procesan la tilapia.

Usted tendrá que procesar su tilapia en un lugar limpio, libre de insectos, el medio ambiente. Los jardines alrededor de la zona de procesamiento debe estar totalmente desprovisto de todas las plagas. Necesitará un análisis completo de todas las llamadas entrantes de agua desde la fuente de agua municipal, o estar preparados para tratar su agua de pozo si no es absolutamente perfecto. Y no olvide acerca del tratamiento de las aguas residuales. Es considerado un biohazard, así que tendrá que deshacerse de él correctamente. Finalmente, usted tendrá que comprar miles de dólares en equipos de acero inoxidable para procesar sus filetes, y tienen la capacidad para mantener el frío de tilapia desde el punto donde usted matarlos, hasta que congelar sus filetes a la venta.

Obviamente, la venta de filetes de tilapia es muy implicados, por lo que la elección de las especies de tilapia que es absolutamente crítico para el éxito de la operación. Para ser competitivo, usted necesitará tomar todas las ventajas que usted puede. Consideraciones incluyen:

- El tiempo que tarda la tilapia a crecer a su tamaño de cosecha óptimo.
- La cantidad de filetes utilizable que puede tomarse de cada tilapia.
- El costo para obtener la tilapia al tamaño de la cosecha, incluidos alimentos, electricidad, filtración y mantenimiento.
- Prevención de desove en estanques de acuicultura.

Sólo hay una tilapia que cumple con todos estos requisitos de forma óptima: el Wami/Mozambique híbrido. Este híbrido es el resultado del cruce de una única variante de Mozambique la tilapia (Oreochromis mossambicus) con un desarrollado especialmente Wami tilapia (Oreochromis urolepis hornorum). Los híbridos resultantes crecen a un ritmo espectacular, y puede ir desde alevines a tamaño de cosecha en sólo cuatro meses utilizando el oxígeno de la agricultura intensiva, o seis meses usando métodos agrícolas nominales. Eso es aproximadamente el 50 por ciento más rápido que el segundo mayor crecimiento de tilapia. Como un bono, estos Wami híbridos son predominantemente masculina, debido a su genética natural, lo que elimina la necesidad de utilizar masculinizing feed (hormonas) para evitar el desove incontrolado en los sistemas convencionales.

La razón de que estos Wami híbridos son predominantemente masculina se revela con algunas nociones básicas de biología. Wami machos producir naturalmente más testosterona de Mozambique Mozambique los machos, y las hembras producen menos estrógeno que Wami hembras. Así que cuando se cruza un Wami macho con una hembra de Mozambique es más probable que los hijos, o la progenie, desarrollará testículos en lugar de ovarios. Si desea obtener más a fondo con la genética del predominantemente masculino de tilapia, en cualquier caso, esto no es "modificación genética" como ministros de la fe orgánica le hace creer. Es simplemente el resultado sorprendente de dos peces haciendo lo que es natural.

No te dejes confundir por toda la retórica sobre la Internet, o por los reclamos de otros criaderos que no ofrecen la Wami/Mozambique híbridos. Estos tilapia puede elevarse y vendidos con las mismas posibilidades de etiquetado orgánico como cualquier otro marisco. Y no, no son genéticamente modificados. Son el resultado de dos padres de pura cepa, ambos de los cuales son el resultado de años de sacrificio amplio para lograr la mejor forma de cuerpo y los rasgos deseados. Haga clic en los enlaces azules para obtener más información sobre estos temas.

Si Wami tilapia o sus híbridos no están permitidos en la zona, su mejor opción es pura cepa azul de grado alimentario tilapia (Oreochromis aureus). En América del Norte, si usted vive en cualquier lugar fuera de la Costa del Golfo, o la península de Florida, usted podría gastar una fortuna en mantener su estanque de agua suficientemente caliente para cualquier otra especie de tilapia distinto de pura cepa azul. Más electricidad que tienes que pagar para mantener su cálida de tilapia, menos rentable será. A primera vista, este hecho por sí solo podría hacer la tilapia azul claro ganador, pero recuerde, aunque Wami/Mozambique híbridos requieren de agua más cálida que la tilapia azul, crecen tan rápido que pueden ser cosechadas antes de que el costo de mantenerlos abrigados se convierte en un problema.

Punto importante: la razón por la que debemos seguir repitiendo "pura cepa" es porque cada bit de datos genéticos establecidos, datos de cría y alimentación de datos se aplica únicamente a la pura cepa. Con todos los propietarios del sistema aquaponic mezclando especies de tilapia y luego vender sus criados accidentalmente alevines en Internet como "Azul" o "Nilo" para hacer un pelotazo, la pureza de la tilapia especies procedentes de criadores aficionados es cuestionable en el mejor de los casos. No es posible aplicar ninguna de las informaciones presentadas en nuestras guías para estos desconocidos o tilapia impuro "mezclas".

Por lo tanto, si sus objetivos son cultivo de tilapia para fabricar un producto tilapia procesados, tales como filetes congelados envasados al vacío, su primera elección debe ser Wami/Mozambique híbridos y su segunda opción debe ser pura cepa azul de grado alimentario.

Una nota rápida sobre el USDA y la tilapia.

En la sección anterior, señalamos que la Administración de Drogas y Alimentos de Estados Unidos (FDA) retiene la autoridad sobre el marisco. Esto no significa que el Departamento de Agricultura de los Estados Unidos necesita estar completamente fuera de la imagen. Vender su tilapia comercialmente, probablemente necesite un certificado sanitario para probar que su tilapia están libres de enfermedad. El USDA Servicio de Inspección Sanitaria de Animales y Plantas (APHIS) puede ser de servicio para ayudarle a localizar un veterinario capaz de firmar en su laboratorio de papeleo, aunque apenas sobre cualquier tercera parte veterinario oficial o privado también puede hacerlo. La razón por la que mencionamos esto por separado de los escenarios en esta guía es porque el requisito de certificado de salud todavía es bastante aleatorio, y en la mayoría de los casos, queda a la discreción de los distintos lugares donde hacer negocios.

"Quiero vender *toda la tilapia en hielo* para tiendas de comestibles, restaurantes, mercados de agricultores y otros consumidores".

Por favor tenga en cuenta que, en esta sección, *solo estamos hablando de* tilapia entera sobre el hielo.

Esto requiere mucha menos inversión que la venta de filetes de procesado, pero no sin sus propios desafíos. Las tiendas de ultramarinos con áreas de procesamiento de mariscos, suelen funcionar bajo sus propios planes de HACCP. Probablemente una parte de su plan HACCP es asegurarse de que las instalaciones que suministran sus materias sin procesar seafoods, son también certificado HACCP. Así, aunque su participación en el proceso no supone más que dejar caer el vivir cerca de tilapia en agua helada para matarlos, la tienda todavía necesitará saber que usted ha planteado la tilapia, y finalmente los mataron, siguiendo todas las pautas de seguridad mariscos establecidos por la FDA.

Restaurantes sin embargo, operan bajo un conjunto diferente de reglas que son mucho más estrictas que cualquier plan de HACCP, por lo que habitualmente sólo importa que tu tilapia están limpios y en buen estado de salud. Dicho esto, una certificación HACCP y certificado de salud irá una manera larga hacia convencer al dueño del restaurante o el cocinero que sus clientes están seguros de comer la tilapia.

Los mercados de los agricultores por otra parte vienen en muchas formas, que van desde las altamente organizado, a la improvisada reunión en la carretera. Algunos mercados de agricultores son apoyados por la comunidad local como una forma de traer a visitantes de los alrededores, mientras que otras son la granja-compatibles de bajo costo para ofrecer productos a los clientes que viven en zonas rurales. En general, la mayoría de los mercados de los agricultores no tienen muchas restricciones. Pero hay personas que requieren todos los permisos y certificaciones que podría tener una tienda de comestibles. Es importante averiguar quién está a cargo y pregúntele qué es lo que necesita.

Venta de tilapia en el hielo directamente a nuestros propios clientes es tan sencillo como parece. Acaba de poner un cartel en el camino para anunciar sus precios pueden poner en todos los negocios que usted va a necesitar. Asegúrese de que todos sus vecinos saben lo que están haciendo demasiado. Uno de nuestros clientes El criadero local vende toda la tilapia en hielo a sus vecinos durante unos tres dólares por libra. Afirma que toda su campaña publicitaria consistía en nada más que un par de fines de semana de tocar puertas, presentando a sí mismo, y dejando su tarjeta de negocios. Él vende más de mil libras por mes fuera de su patio de granja de tilapia y sigue creciendo.

Además de todas las consideraciones mencionadas en la sección anterior acerca de la venta de procesado filetes de tilapia, hay tres cuestiones adicionales específicas para vender toda la tilapia en hielo que debe ser reflexionado:

- Va a la gente a la que se sirve el plato de tilapia tienen la oportunidad de ver a los muertos de antemano de tilapia?
- Es el tamaño o el grosor del filete de carne al plato importante está preparado?
- Es el color o el matiz de la filet importante?

Cuando se trata de vender toda la tilapia en hielo… mira asunto. Si tienes la suerte de vivir cerca de una ciudad con un importante mercado de pescado, hacer un punto para ir y ver por ti mismo cómo la apariencia de un pez puede afectar su demanda y la percepción de la gente de su salubridad. Durante años, los agricultores de tilapia han intentado incrementar el valor global de su pescado por el mestizaje entre especies para ciertos rasgos de color. Los más notables son el rojo, blanco, rojo tailandés, y oro. La desventaja de estos coloridos tilapia es que sólo hacen bien en nichos de mercados culturales. Les falta la marca completamente cuando se trata del más amplio espectro. No olvide que las personas que compran el pescado entero no son aprensivos. Ya saben lo que parece un buen pescado. A medida que el mercado de tilapia, le resultará mucho más fácil vender a clientes existentes de pescado entero, en lugar de utilizar peces de colores en un intento de convertir nuevas sólo a personas que ya han comprado Filetes envuelto en celofán en el supermercado.

Las personas que compran toda la tilapia en hielo esperan un nivel de calidad y frescura que va mucho más allá de la tienda o restaurante proveedor. Y mientras la frescura de la tilapia puede ser evidente por el hecho de que fueron asesinados sólo horas antes, la calidad está en los ojos y el paladar del comprador. Aquí es donde el tamaño y la forma de la tilapia entran en juego.

Le recomendamos que considere la tilapia azul color natural como su primera opción para vender todo sobre el hielo. La tilapia azul son muy sano y agradable con un aspecto sano de coloración y patrones. La tilapia azul de tamaño promedio de rendimiento por encima de los filetes de carne firme y blanca, que se ve excelente en cualquier receta. Incluso buscan buenas en recetas donde el pescado es cocinado y servido entero. La tilapia azul también se conocen en algunas partes del mundo como pez de San Pedro, y son un elemento de menú estándar a lo largo de todo el Mar de Galilea (Lago Tiberíades) y todo Israel. La tilapia azul son de importancia cultural para la comunidad israelí y como todos la tilapia, pueden estar preparados Kosher.

Desde una perspectiva agrícola, de grado alimentario tilapia azul puede elevarse muy competitivos porque crecen al tamaño de cosecha rápidamente, y puede sobrevivir en las temperaturas del agua que podrían matar a cualquier otro la tilapia. La razón por la que gran parte de la tilapia en tiendas de comestibles estadounidense proviene de países como Indonesia, Vietnam, Honduras, y por supuesto China, es que puede elevarse mucho más barata, sin el uso de electricidad, a lo largo de un periodo prolongado de tiempo. Esto disminuye el costo del pescado para la cadena de supermercados, dándoles más beneficios en la caja. Si quiere ser competitivo en América del Norte, no puede gastar sus ganancias combates nuestro clima más fresco. Por supuesto, algunas personas dirán que todo lo que tiene que hacer es configurar un calentador de agua solar, sino que es una simplificación excesiva del problema. En la práctica, sólo calefacción solar de agua termina complementando la cara de calor eléctrico. Por el momento usted factor en meses de frío invierno, cielos nublados y nevadas, su sistema de calefacción eléctrica pasará a ser la única fuente de agua caliente. Recuerde, sólo toma unos pocos minutos por debajo de 60 grados, la tilapia del Nilo antes de morir. Por otro lado, una pura cepa tilapia azul puede sobrevivir hasta los 47 grados, el agricultor cuestan mucho menos a mantener vivo.

Como segunda opción, si la competencia de otros agricultores y tiendas de comestibles no es una preocupación en su situación particular, recomendamos color natural de grado alimentario de pura cepa tilapia del Nilo. Dependiendo de la época del año, pueden costar más que plantear en América del Norte, pero tienen el filet de color y de forma que el cello-wrapped multitud está acostumbrado a ver, y sus colores naturales les hará más fácil de vender como "natural" a través de la tilapia roja y blanca de mezclas.

"Quiero vender *filetes de tilapia, pepitas y tacos* en mi *propio restaurante*".

Por favor tenga en cuenta que *sólo estamos* hablando de tilapia, procesados, servidos en su propio restaurante.

Lo creas o no, si configuras tu propio restaurante y venta de tilapia cocidos que se destina a ser comido inmediatamente, usted no tiene que hacer nada con el gobierno federal en cuanto a la piscicultura se refiere. Ejecutando un restaurante está sumido tan profundamente en el estado de la normativa en materia de seguridad alimentaria y las inspecciones locales, que un pescado fileteado en su cocina comercial, para sus propios clientes minoristas, sobrepasa todo los requisitos de la FDA sobre el procesamiento de pescado. Es probable que aún quieren criar a los peces con un plan HAACP, sólo para mantenerse fuera del agua caliente legal si alguien se enferma después de comer en su restaurante, pero no hay ningún requisito de certificación por la FDA.

Para su propio restaurante, donde sus clientes sólo verán los filetes, recomendamos Wami tilapia híbridos como el Wami/Mozambique híbrido. Estos híbridos se fácilmente darle las máximas ganancias por todas las razones mencionadas en las secciones anteriores. Si Wami tilapia no están permitidos en la zona, recomendamos la tilapia azul debido a su tolerancia a la temperatura de agua más indulgente. No recomendamos que involucrarse con las colonias de cría o criaderos de peces, ya que estos están muy implicados y puede resultar una carga inusual en el personal del restaurante.

"Quiero vender la *cosecha entera de tamaño de tilapia en vivo*".

Por favor tenga en cuenta que estamos hablando sólo de una libra o más vivir toda la tilapia.

En Tilapia Lakeway, vendemos una libra y mayores viven la tilapia, a nuestros clientes locales, para entre dos y ocho dólares por libra, dependiendo de la especie y de nuestra oferta. Las leyes de Tennessee no nos permiten vender vive Wami híbridos, hasta los más populares que venden *en vivo* es la especie tilapia azul. Sin embargo, no es raro que nuestros clientes nos piden poner su pescado en hielo, después de que se seleccione su "pesca del día", de modo que estén listos para el filet al llegar a casa. Los clientes que *quieran* poner su tilapia en hielo también pueden optar por comprar live Wami tilapia, desde el agua helada mata a ellos antes de salir de la propiedad. No importa qué especies deciden, siempre vienen atrás y decir que fue la mejor tilapia que he comido.

Nuestro secreto a una gran degustación de tilapia es nuestro "Estanques de acabado", también conocido como purgar estanques. Un estanque de purga puede ser cualquier recipiente limpio o estanque que se llena con la calidad del agua potable el agua cristalina. Ponemos nuestra tilapia en estos estanques de acabado de cinco a siete días antes de su venta o procesarlos en filetes. Mientras que en el estanque de purga, la tilapia librarse de todos los desechos, algas y materia orgánica. Este proceso elimina completamente el sabor a "pescado" que puede ser difícil trabajar con al preparar las comidas.

Toda venta de tilapia en directo es muy sencillo y requiere nada del gobierno federal. **El truco para hacer una ganancia por la venta de toda la vida la tilapia es tenerlos disponibles a lo largo de todo el año.** Esto puede lograrse mediante el escalonamiento sus tiempos de cosecha durante todo el año. Cómo escalonar la cosecha es hasta usted y parte del arte de tilapia. A continuación se muestra un ejemplo de un solo camino para escalonar la cosecha.

- Enero - Cosecha de tilapia azul recibió en el mes de mayo. Recibir la tilapia del Nilo - Manténgase adentro hasta marzo. Recibir Wami tilapia - Manténgase adentro hasta marzo.
- Febrero - Cosecha de tilapia azul recibió en junio. Recibir la tilapia del Nilo - Manténgase adentro hasta marzo. Recibir Wami tilapia -mantener en interiores hasta marzo.
- Marzo - Cosecha de tilapia azul recibió en julio. Recibir la tilapia del Nilo.
- Abril - Cosecha de tilapia azul recibió en agosto. Recibir la tilapia del Nilo.
- Mayo - Harvest Wami tilapia recibida en noviembre. Recibir tilapia azul.
- Junio - Harvest Wami tilapia recibió en diciembre. Recibir tilapia azul.
- Julio - Harvest Wami tilapia recibido en enero. Recibir tilapia azul.
- Agosto - Harvest Wami tilapia recibió en febrero. Recibir tilapia azul.
- Septiembre - Harvest tilapia del Nilo recibido en enero.
- Octubre - Harvest tilapia del Nilo recibió en febrero.
- Noviembre - Harvest tilapia del Nilo recibieron en marzo. Recibir Wami tilapia - Manténgase adentro tanto como práctico.
- Diciembre - Harvest tilapia del Nilo recibió en abril. Recibir Wami tilapia - Manténgase adentro tanto como práctico.

Este patrón particular realiza unas cuantas cosas para los agricultores en nuestra zona: En primer lugar, permite una gran variedad de tilapia a cosechar durante todo el año. Ahorra dinero al permitirles reducir su estanque por temperaturas de 10 grados para la tilapia azul, y les permite tomar ventaja de la temporada de invierno relativamente corto, manteniendo la entrada de alevines de tilapia en casa por un par de semanas antes de ponerlos en su estanque.

Su programación será totalmente diferente dependiendo de varios factores, tales como el número total de los estanques, el tamaño de los estanques, el número de estanques que tienen adentro, la longitud de su invierno, y las especies permitidas en su estado, etc. para algunos de ustedes, sólo puede ser viable para la cosecha y recibir tilapia azul cada mes. Si tienes la suerte de vivir en una zona donde su estanque las temperaturas rara vez bajan de los 60 grados, usted puede hacer un beneficio con cualquier especie de tilapia.

"Quiero iniciar mi propio criadero de tilapia para vender alevines de tilapia y colonias de cría".

Si eres el tipo de persona a quien le gusta batas de laboratorio, equipo de medición científica, tubos de ensayo, y tomando notas y, a continuación, ejecuta un criadero de tilapia puede ser tuyo. Si usted se encuentra hablando con el pescado en el momento de la alimentación del bebé, o hacer hablar a la RFY, probablemente usted disfrute ejecutando un criadero. Si no te importa fregar y desinfectar cada día, que será ciertamente un plus. Si usted tiene alguna experiencia empresarial, y una sólida capacidad para correr la voz acerca de su criadero, entonces usted probablemente va a hacer muy bien. Ejecutando un criadero de tilapia es todo esto y mucho más. Desde nuestra propia perspectiva, ejecutando un criadero de tilapia es por lejos la cosa más gratificante que hemos hecho nunca. Lo recomendamos encarecidamente a cualquiera que tenga un amor de animales pequeños, especialmente peces bebé.

Lamentablemente, todo el amor en el mundo no va a ayudarle a vender su alevines. Así, la primera cosa que necesitas hacer es averiguar a quién le venderán su tilapia y cómo va a hacerles saber. Le recomendamos que mantenga apagado en incubar sus propios alevines de tilapia hasta *después de* averiguar quiénes son sus clientes y lo que realmente desea. Recuerde que la demanda de sus productos se basa en las necesidades de las personas a las que su publicidad llega, y puede no ser lo que se había previsto inicialmente. Configuración para la especie equivocada puede ser un diez mil dollar error. Confíe en nosotros, que hemos estado allí.

Usted debe empezar por la compra de un centenar de pura cepa mixtas de alevines de tilapia azul, cien predominantemente masculino alevines de tilapia híbrida Wami, y un centenar de pura cepa mixtas de alevines de tilapia del Nilo. Ponerlas en tres acuarios de 55 galones, y familiarizarse con las responsabilidades cotidianas mientras intenta venderlas. Mucho tiempo antes de que usted será capaz de identificar los machos de las hembras en los tanques mixtos, y puede utilizarlas como base para hacer sus propias colonias de cría. Al final del primer año, sabrá todo lo que necesita saber acerca de la demanda de sus alevines, y tu habilidad para venderlos.

Más adelante, como usted invertir y ampliar, puede adquirir más especializados de las colonias de cría, como nuestro Wami/Mozambique híbridas o genéticamente modificados machos del Nilo, para incrementar sus existencias de predominantemente masculino de alevines. No recomendamos, sin embargo, que usted invierte sus esfuerzos en la adquisición de conjuntos de cría para producir cualquiera de estos hombres. Las parejas reproductoras para producir la Sipe's Hornorum (WAMI) no puede ser adquirido sin el consentimiento de Mike Sipe a sí mismo, y los hombres del Nilo genéticamente modificados con YY pares de cromosomas son producidas en Europa, de laboratorio y protegida por patentes internacionales. Si bien es cierto que podría pagar un poco más por los hombres que hacemos, usted no tiene que comprar o importar cientos en un momento como lo hacemos nosotros.

Avertencia: somos responsables de ayudar a establecer mucho de nuestra propia competencia en el mercado minorista. ¿Por qué? Porque la mayoría de nuestros alevines de tilapia están a cargo de las operaciones comerciales e institucionales. Estos tipos de clientes son típicamente en virtud de obligaciones contractuales o financiado por donaciones y no pueden ser fácilmente "tomada" debido a la planificación o la burocracia. Venta por Internet de alevines de tilapia a particulares representa alrededor de 200 mil peces por año. Por el momento usted factor en todas las re-vendedores, criadores, accidental y aquaponic oportunistas, configurar sitios web y la compra de pago por clic de los anuncios en Internet, la competencia se siente como un montón de lobos peleando por un colibrí. Instamos encarecidamente a usted a encontrar un lugar para vender tus alevines lejos de Internet si desea hacer una carrera fuera de ella.

"Solo quiero granja tilapia en casa para alimentar a mi familia y amigos. No quiero vender mi pescado a nadie".

Una de las grandes cosas acerca de tilapia en casa para su propio uso personal, es la absoluta sensación de independencia y libertad que proporciona. Porque usted no está vendiendo su tilapia, no hay participación de la FDA. Usted no necesita una licencia de comerciante de pescado si su estado requiere uno para vender la tilapia, y usted no necesita una licencia de negocio. De hecho, ni siquiera tendrás que establecer un negocio, realice una contabilidad, o pagar los impuestos.

Otra cosa buena acerca de recaudación y procesamiento de tilapia para su propio uso personal es que usted puede planificar su temporada de cultivo y cosecha fecha tal como lo haría con cualquier cosecha del jardín. Esto puede lograrse manteniendo una colonia reproductora en acuarios separados para los machos y las hembras hasta que esté listo para desovar. En nuestra zona, enero es de derecha. Tan pronto como le sea posible económicamente mantener la temperatura del agua lo suficientemente caliente, puede mover los alevines en el estanque. Para nosotros, esto no ocurrirá hasta abril o mayo, pero cada uno tiene su propio microclima, así que tendrá que ser el juez.

Recuerde, la tilapia convertir un mayor porcentaje de alimentos en peso durante sus primeros 240 días de su vida. Después de eso, ellos crecen mucho más lento y la cantidad de alimentos ingeridos al peso ganado sube considerablemente. Al comenzar con una cepa pura de grado alimentario tilapia azul o un híbrido Wami, va a lograr la mayor ganancia de peso para el menor, electricidad, alimentos y gastos de mantenimiento.

Punto crítico: cuesta un promedio de .45 centavos para levantar una tilapia durante sus primeros 8 meses de vida. Costará alrededor de .90 centavos más para elevar a la tilapia por un periodo adicional de 10 meses debido a los cada vez mayores gastos mensuales. Lamentablemente, la ganancia de peso durante este tiempo extra será menos del 50% de los ocho primeros meses. No se deje tentar por ahorrar unos centavos en alevines hoy, después de perder sus ahorros, posteriormente en mayores costos. Compre sólo de grado alimentario siempre que pueda. Por el camino, tilapia mayores de 18 meses son un poco demasiado salvaje para nuestras papilas gustativas, razón por la cual no podemos salir adelante con nuestro ejemplo de costo.

Si vuestras aspiraciones entran más en el lado superviviente y no desea depender de Purina para su comida de peces, puede alimentar su tilapia lenteja de agua (Lemna minor) en su lugar. Recuerde que aunque todos la tilapia se consideran omnívoros, debido a su capacidad de prosperar en una gran variedad de alimentos, en la naturaleza, la tilapia son principalmente herbívoros. Las mandíbulas y los dientes están diseñados específicamente para raspar las algas de las rocas y esmerilar las plantas acuáticas. Si usted puede crecer en cantidad suficiente, la lenteja de agua es todo lo que su tilapia necesitará de alevines a tamaño de cosecha. Para alevines de tilapia, puede crecer algas poniendo un acuario en una ventana soleada y luego raspar todo lo que necesita para alimentar a la República Federativa de Yugoslavia.

Le recomendamos que se centre su casa de granja de tilapia en la producción de alimentos grado pura cepa tilapia azul por todas las razones mencionadas en las secciones anteriores. Si le sucede a ser uno de los pocos desafortunados que vive en un estado que no permite la tilapia azul, entonces le recomendamos que elija Wami híbridos naturales, por su rápido crecimiento, como la segunda opción. Si desea elevar su propia tilapia de huevos, usted tendrá que comprar una colonia reproductora. Una colonia de cría es capaz de producir miles de descendientes a lo largo de varios años. Por supuesto, si están haciendo demasiado muchos bebés que usted mantenga con usted siempre puede separarlos.

"Solo quiero mi tilapia a deshacerse de las algas y lenteja de agua en mi estanque. No quiero comer".

Para propietarios de estanques que desean evitar el uso de herbicidas en sus estanques, nada puede superar el apetito de un estanque grado tilapia azul. Estas medidas especiales de tilapia son separados durante el proceso de clasificación de alevines debido a su pequeño tamaño, y el posterior crecimiento lento. Aquí tienes una breve explicación de por qué son tan únicos.

Cuando la tilapia son en primer lugar sombreado, comen algas en un importe igual al 20% de su peso corporal al día por día. Esta ingesta de alimentos disminuye aproximadamente al 8% de su peso corporal por día durante el primer mes, pero el aumento en tamaño ofrece la red afectan de mayor consumo por volumen. Prefieren pastan muy cerca de la costa, donde el agua es poco profunda, y son relativamente a salvo de los depredadores de aguas profundas. Por suerte o por desgracia, es también el lugar donde la mayoría de las algas en un estanque es producida, debido a la abundancia de luz solar.

Como la tilapia crecen en los pececillos, añaden pequeñas plantas acuáticas a su dieta, como la lenteja de agua. Su ingestión de alimentos desciende desde el 8% hasta el 1,5% o el peso de su cuerpo durante el mes próximo, sin embargo, una vez más, su aumento de tamaño se traduce en un aumento en el consumo global por volumen. En el momento en que son un par de meses, su ganancia diaria de peso permanece bastante constante de los próximos seis meses. Desafortunadamente para el estanque, después de que un propietario alcanza la edad adulta de tilapia, que está mucho más interesada en grandes plantas acuáticas que en las algas. Introduzca el estanque grado tilapia azul.

Érase una vez, estos tilapia fueron destruidos como inferiores por criaderos de tilapia. Un estanque de grado de tilapia azul crece muy lentamente. De hecho, tan lento que nunca podrá crecer más de ocho pulgadas. Incluso si lo hace, su edad avanzada para cosechar les da un fondo del río sabor que la mayoría de la gente encuentra difícil de tragar. Afortunadamente para estos pequeños peces, propietarios de estanques descubrió un trabajo de ellos que sea perfecto para su fisiología singular.

Como un estanque limpio, son perfectos. En lugar de acabar creciendo hasta un punto donde hacen caso omiso de las algas del litoral de aguas más profundas de pastoreo, estos siguen siendo pequeñas y continuar a pastar en una combinación de algas y la lenteja de agua. En áreas donde los estanques de congelarse en invierno, el menor costo del estanque de tilapia azul grado hace la repoblación en primavera una empresa que vale la pena.

"Necesito la tilapia para mi sistema de Acuaponía. Voy a comer uno de vez en cuando, pero estoy más centrado en mis plantas".

Toda la idea de Acuaponía es armonía, equilibrio y ser buenos administradores del medio ambiente. Sin embargo, todos los días, la gente tirada al azar unsorted puñados de tilapia del Nilo azul o de origen dudoso en sus sistemas y, a continuación, esperar lo mejor.

El problema se remonta a acuaponia concesionarios y educadores que tienden a ser muy centrada en la planta, y ver la tilapia como nada más que otro componente del sistema. La gente que cree sistemas de acuaponia bricolaje de contenedores IBC, generalmente sólo se reservó una bolsa para su tilapia; lo que significa que normalmente sólo se va a elevar a unos 75 peces en una hora. Respecto a su esperada cosecha vegetal, una mera salida 35 libras de filetes de tilapia terminado simplemente no es tan emocionante.

Otro problema tiene que ver con el matrimonio de los sistemas de acuicultura y cultivos hidropónicos en general. Como usted sabe sin duda, acuaponia es realmente nada más que agua de la acuicultura (peces) que fluye a través de un sistema hidropónico sistema (planta). Como sistemas separados, cada uno de ellos está configurado para apoyar perfectamente la vida que les espera. Sin embargo, cuando se combinan, se debe encontrar un compromiso que ambas partes puedan vivir con él. Tome por ejemplo el pH. La tilapia crecen mejor en un pH de 8.0, sin embargo, muchas plantas como un pH cercano a 6.0. En un sistema aquaponic, un intercambio es que las plantas y los peces pueden trabajar. El compromiso es idea para ninguno y, como resultado, tampoco será posible alcanzar los resultados de rendimiento de sus sistemas separados, sin embargo ambos sobrevivirán y hacerlo bien.

Para probar el punto acerca de Acuaponía educadores se planta-centric, muchos cultivadores aquaponic materiales del curso han establecido sus pH para adaptarse exactamente a las necesidades de las plantas de compostaje, o incorporar los gusanos, sin ninguna relación con el "confort" de la tilapia. Toda la actitud parece ser: "que la tilapia soportarlo... van a sobrevivir".

Así que la pregunta es de sentido común: ¿Por qué molestarse siquiera con la tilapia en primer lugar? Después de todo, el fertilizante soluciones para sistemas hidropónicos son mucho más baratos que la tilapia, la hidroponía y requiere mucho menos mantenimiento. La verdad es que todo se remonta a la armonía, el balance y la gestión del medio ambiente. Bien hecho, acuaponia es un método de cultivo casi perfecta. Por supuesto, nuestra versión de "bien hecho" es un *equilibrio* que no es unilateral en favor de las plantas.

Cuando la gente seleccionar plantas para sus sistemas aquaponic, hacen sus investigaciones. Leen acerca de cuán rápidamente sus plantas crecerán y qué bueno que le gusto. No limitarse al precio más bajo. Entienden que el precio más bajo generalmente significa menos semillas. Ellos sólo compran sus semillas de un proveedor de confianza que tiene un gran servicio de atención al cliente y asesoramiento gratuito de nunca acabar, en línea y fuera de línea. Eso fue lo que le hace preguntarse por qué muchas de estas mismas personas están tan dispuestos a comprar descuidadamente azar puñados de alevines de tilapia de re-vendedores de sitios web con nada más que ofrecer que lugares para gastar su dinero. *Suspiro*

Cuando se trata de la selección de los alevines de tilapia para aquaponic sistemas, sólo hay dos reglas que deben seguirse:
- Sólo mantener una especie en un momento.
- Sólo mantener un grado a la vez.

La tilapia en un sistema aquaponic ya son menos que ideales condiciones en general. Como individuos, tienen leves diferencias fisiológicas dentro de su propia especie. En otras palabras, incluso en un sistema de Acuaponía donde existe sólo una especie, cada tilapia es experimentando las condiciones ambientales en su propia manera única. Tipo de cómo algunas personas tienen alergias o siempre son fríos, o reaccionan de manera diferente a situaciones estresantes. La tilapia también exhiben diferentes comportamientos tales como la agresión, o dominante, o presentación. La mayoría de tilapia nadar en escuelas sociales, sin embargo, algunos individuos mantener a los bordes del grupo, o fuera de él por completo.

Cuando se mezclan especies, número de individuos estresados aumenta hasta un punto donde su sistema inmunológico puede verse comprometida, y aleatorias muertes comenzará a ocurrir. Los sistemas inmunes reducidas también pueden dar lugar a brotes de enfermedades, parásitos o incluso un patógeno, que puede aniquilar a todo un sistema, incluyendo el aquaponic crecer camas.

En cuanto a poner sin clasificar o mixta de grado en un sistema aquaponic alevines se refiere, tenemos toda una página que explica la clasificación de alevines en gran detalle. Le instamos a educarse a sí mismo acerca de antes de poner cualquier clasificación de alevines de tilapia en su sistema aquaponic.

Siempre que usted siga las indicaciones de arriba dos directrices, apenas sobre cualquier especie o grado aquaponic trabajará en un sistema. El único grado para evitar el estanque debe ser grado, debido al hecho de que no habrá posibilidad de alimentos retorno sobre la inversión de tilapia.

LA COMPRENSIÓN DE LA GENÉTICA DE LA TILAPIA

Mi principal objetivo con esta página es enseñarle la genética detrás de si un alevines de tilapia se convierte en un hombre o una mujer. No se pretende explicar cada aspecto de la herencia genética. He hecho mi mejor para mantenerlo lo más simple posible y permanecer centrados en las conclusiones, en lugar de la mecánica.

La genética común a todos la tilapia
Cuando la tilapia son en primer lugar sombreado de género son menos; ni varón ni hembra. Durante los primeros 21 días, más o menos, la cantidad de estrógeno o testosterona en su torrente sanguíneo, determinará si se desarrollan los ovarios o los testículos. Es una práctica común en la tilapia los agricultores para alimentar sus alevines de tilapia con un alimento que ha sido complementado con masculinizing hormonas, como la dehidroepiandrosterona o 17A-Metiltestosterona, para aumentar las probabilidades de que desarrollen como varones. La tilapia macho crecen más rápido que las hembras, lo que les hace más deseable como stock de producción. Además, una población predominantemente masculino de tilapia reduce la probabilidad de desove, lo cual puede resultar en las raíces de la planta de ser comido en sistemas de balsa aquaponic y desperdicio de recursos económicos en los estanques de acuicultura. Lamentablemente, hay un montón de gente que no tienen entendimiento de la ciencia detrás de la utilización de hormonas, o cómo funciona, por lo que ceder a imaginar los temores, soslayando de tilapia por completo.

La buena noticia es que existe una alternativa al uso de hormonas, y aún mejor, el proceso es totalmente natural. El proceso se conoce como cruzamiento, y funciona como por arte de magia. Cruzamiento o hibridación, sin embargo, prefiere que se lo diga, no tiene nada que ver con los organismos modificados genéticamente (OMG). La tilapia genéticamente modificados son creados en el laboratorio, donde el material genético es alterada por medios artificiales. Sólo la tilapia genéticamente modificado que soy consciente, es un macho de tilapia del Nilo genéticamente modificado, que ha sido alterado en el laboratorio para llevar un par de cromosomas YY, en lugar de su natural XY. En última instancia, este par de cromosomas YY determinará el sexo de su progenie. Algunas personas también han oído hablar de el hecho de que los machos de tilapia Wami llevar un par de cromosomas ZZ, pero eso no es una modificación genética, es lo que llevan naturalmente, lo mismo que la tilapia azul. Pero me estoy alejando de mí aquí. Volvamos a nuestro género tilapia menos fría.

Por lo tanto, como he dicho, durante las primeras tres semanas de vida tilapia fry están menos de género, al menos en apariencia. Pero eso no significa que su sexo no ha sido ya pre-determinado por la genética natural. Prohibir cualquier interferencia por los seres humanos, cada tilapia desarrollará en cualquiera que sea el género que se supone que es, según el nivel de estrógeno o testosterona presente en su torrente sanguíneo. Entonces la pregunta es, si el género ya ha sido determinada por la genética natural, entonces ¿cómo y cuándo se decidió? La respuesta es una especie de fresco, incluso si es sólo un alto nivel de escuela de biología.

Las células de una hembra de tilapia tienen 44 cromosomas. Cuando llega a su edad reproductiva, algunas de estas células se forman en los huevos. Cuando las células que forman los huevos comienzan su meiosis, los cromosomas que determinan el sexo, así como los otros 21 cromosomas emparejados, se separan en los diferentes tipos de huevos. Cuando todo está dicho y hecho, cada huevo tendrá 22 cromosomas, que incluyen un solo cromosoma para hombres, o un solo cromosoma femenino. Sencillamente, tilapia unfertilized el huevo está a medio camino de ser un macho o a mitad de camino de ser una mujer.

Las células de la tilapia macho también tiene 44 cromosomas, y a su edad reproductiva, algunas de estas células se forman los espermatozoides. Y, al igual que con los huevos de la hembra, cuando las células comienzan su meiosis, la misma separación de pares de cromosomas también sucede. Así cada espermatozoide está a mitad de camino de convertirse en un hombre o a mitad de camino de convertirse en una mujer. Llegó tan lejos?

Cuando la hembra deposita sus huevos, y el macho fertiliza con su esperma, los cromosomas se combinan en pares, produciendo una frita hecha de células que contienen 44 cromosomas cada uno. Dentro de estos nuevos 44 cromosomas, hay 2 que determinará el sexo de la tilapia. Uno de los cromosomas que vinieron desde el huevo, y uno de los cromosomas que vinieron de los espermatozoides. Sólo hay dos posibles resultados: masculino o femenino. O más específicamente, más que la testosterona o estrógeno más testosterona a estrógeno.

Ahora que hemos establecido, la madre naturaleza lanza una llave inglesa en las obras. Parece que hay algunas condiciones, tales como la temperatura, o la proporción de hombres y mujeres, que pueden alterar los niveles de estrógeno o testosterona, y causar alevines de tilapia a desarrollarse como el sexo opuesto, o incluso alternar géneros varias semanas después de que se han desarrollado. Y, como si no se puede obtener ningún desconocido, tilapia puede incluso desarrollar como hermafroditas, tanto con los órganos reproductores masculinos y femeninos. Afortunadamente para mí, el escritor, y usted, el lector, elijo no explorar estas raras ocurrencias en un esfuerzo para mantener la confusión a un mínimo. La verdad es que nadie sabe realmente porqué estas anomalías ocurren. Lo mejor que cualquiera puede hacer es registrar sus observaciones y hacer conjeturas informadas.

Bueno, pues vayamos a las especificidades de algunas especies individuales.

Pura cepa Wami (Oreochromis hornorum urolpeis)
Una hembra Wami lleva dos cromosomas que determinan el sexo, son W y Z. El cromosoma W afecta a sitios que producen una gran cantidad de estrógeno y el cromosoma Z afecta a sitios que producen testosterona. El macho Wami también lleva dos cromosomas que determinan el sexo y son Z y Z. Los dos cromosomas afectan a los mismos sitios y producen estrógeno, sino que también afectan a los sitios que producen igual o mayor cantidad de testosterona.

Alerta: Esto es para el maestro que tiene control de mi trabajo, todos los demás se ignoran esta parte. El cromosoma Z de la hembra también afecta a los sitios que producen una pequeña cantidad de estrógeno, pero no la suficiente para desencadenar el desarrollo de ovarios en sus el propios.

Cuando la hembra deposita sus huevos para la fecundación, cada uno de ellos tienen un cromosoma determinan el género, W para mujeres (por medio de la producción de estrógenos), o Z para los varones (por medio de la producción de testosterona). Cuando el macho fertiliza los huevos, cada espermatozoide lleva un cromosoma Z, que es predominantemente masculina (testosterona), con una pequeña probabilidad de femenina (estrógeno). Ahora es cuando se produce la magia.

Si el espermatozoide, con su cromosoma Z, obtiene en un huevo con un cromosoma W, el alto nivel de estrógenos que se produce debido a la W, combinado con el bajo nivel de estrógenos que será producida por la Z, es suficiente estrógeno para superar la cantidad de testosterona que se produce, y la República Federativa de Yugoslavia se desarrollará como hembra con WZ cromosomas. Pero, si el esperma, con su cromosoma Z, se mete en un huevo que también tiene un cromosoma Z, la RFY será un hombre con cromosomas ZZ, debido a la gran cantidad de testosterona que se producen en relación al estrógeno.

Y eso, mis amigos, es donde el hombre Wami tilapia obtener sus cromosomas ZZ el moniker. No es algún fenómeno de creación del laboratorio, es un hecho totalmente natural de la especie.

Alerta: Hay un montón de nit-ingenio en Internet que intentan explicar este aspecto de la tilapia genética por hacer declaraciones como, "*el cromosoma Z es dominante sobre el cromosoma X, por lo que obtener alevines masculino*", etc. Cuando se considere que un cromosoma es realmente sólo una unidad de almacenamiento eficiente para el ADN, y que es el ADN que da instrucciones a las células, y las células que darán forma a las estructuras que determinan la cantidad de estrógeno y testosterona producida en el torrente sanguíneo, cabe preguntarse en qué grado sexto deberes estaban copiando. Que, pensando en ella, es un insulto para los alumnos del sexto grado, así que mis disculpas. Pero, sólo para verlas bailar con sus propias palabras, me gustaría saber cómo explicar el hecho de que si cruza un macho de tilapia azul, con su par de cromosomas ZZ, con una hembra de tilapia del Nilo, con su par de cromosomas XX, obtendrá de género mixto descendencia. De acuerdo a su explicación, este emparejamiento sólo debería producir descendencia masculina. La música dance cue...

Pura cepa (Mossambica Oreochromis mossambicus) y pura cepa Nilo (Oreochromis nilotica)

Por favor, lea las explicaciones de Wami anteriormente. Lo que sigue sólo será las diferencias para Mossambica y Nilo.

Mossambicas femeninos, y Niles, llevar dos pares de cromosomas X (XX) para determinar el género masculino y Niles Mossambicas y llevar un par XY. El par de cromosomas XX de las hembras, afectan a los sitios que producen un poco de testosterona, y sitios que producen una gran cantidad de estrógeno. Los cromosomas X e Y de los varones se afectan a los sitios que producen un poco de estrógeno y un montón de testosterona, respectivamente. Cuando desovan (dentro de su propia especie), la RFY resultante será llevar y desarrollar como hembra XX o XY y desarrollarse como varón.

Ahora, hagamos un predominantemente masculino- híbrido.

Wami híbrido de tilapia (Oreochromis urolepis hornorum Oreochromis mossambicus x) o (Oreochromis urolepis hornorum x Oreochromis nilotica)
Cuando cruce la raza (hibridación) una pura cepa Wami, con una cepa de pura cepa pura o Mozambique Nilo, el nivel de testosterona producida en la progenie como heredadas del cromosoma Z del macho será más fuerte que el nivel de estrógenos producidos en la progenie como heredadas del cromosoma X de la hembra y las crías se desarrollan principalmente como masculino. Recuerde que las mujeres Mozambques y Niles ambos llevan un par de cromosomas XX para determinar el género y los sitios que afectan a producir una pequeña cantidad de testosterona y una gran cantidad de estrógeno. En contraste, el Wami lleva un par de cromosomas ZZ que afectan a los sitios que producen una pequeña cantidad de estrógeno y un igual o mayor cantidad de testosterona. Cuando se combinan, el nivel de testosterona en estrógeno en el torrente sanguíneo es suficiente que tantos como 90 por ciento desarrollará como masculino.

Punto importante: No puedo enfatizar esto lo suficiente. Con el fin de obtener crías predominantemente masculina, ambos padres deben ser pura cepa! Realmente pura cepa sin variaciones o mutaciones. Nada menos que la pura cepa aún podría producir más hombres que mujeres, sin embargo, es improbable (no me gusta la palabra imposible cuando se trata de genética) que van a producir hasta un 90% de los hombres.

La razón por la que usted no puede conseguir predominantemente masculino de descendencia cruzando un Wami y azul de tilapia (Oreochromis aureus), es porque ambos tienen los mismos pares de cromosomas para determinar el género. WZ para la hembra y ZZ para los varones. Y mientras los cromosomas mismos no garantiza automáticamente nada, los sitios que no sólo afectan al suceder a producir aproximadamente los mismos niveles de testosterona y estrógeno en ambas especies. No exactamente los mismos niveles, pero lo suficientemente cerca para que las crías se desarrollan como masculinos y femeninos. Eso no quiere decir que usted no podría se hibridan un Wami a un azul para lograr alguna otra mutación, como un color diferente. Aunque, realmente no estoy seguro de por qué usted desea.

Otros cruces genéticos de Tilapia
Es una traición de la confianza, pues de lo contrario las operaciones profesionales para hacer las declaraciones generalizadas sobre cruzar cepas de tilapia, o simplificar en exceso el proceso, a los clientes que han venido a ellas en busca de conocimientos. Estas declaraciones son egoístas, casi siempre falso, y los beneficios de la supuesta cruz es altamente subjetiva. Por no mencionar el hecho de que muchas de sus prácticas sugeridas o implícitas, puede resultar finalmente en la liberación de especies impuras, y no a la acuicultura. Por ejemplo, uno de los bien intencionados y reputado productor de crecer torres, hace la afirmación de que *la* tilapia del Nilo son una cruz y azul, y que "su" (ya que no obtendrá el mismo resultado) híbrido *hereda* el rápido crecimiento común a Nilo, así como la tolerancia a la temperatura encontrada en tilapia azul. Esta declaración puede ser cierto o no para cada individuo la tilapia (de hecho es completamente al azar), sin embargo, la inferencia es que *quien* cruza un río Nilo Azul con un obtendrá un rápido crecimiento y tolerancia de temperatura de un híbrido, que es irresponsable y falso.

Toda la tilapia tiene 44 cromosomas como 22 pares repleto de ADN, las *instrucciones* para construir una tilapia. Cuando el esperma de tilapia tilapia cumple con huevo, el número de combinaciones posibles es astronómica. Mientras que algunos rasgos son dominantes, cada aspecto de la tilapia resultante es al azar. Cualquier intento de predecir el resultado de un cruce de tilapia obtendría mejores probabilidades jugar a la lotería. Incluso si alguien tuvo éxito en lograr una característica deseada, como la tolerancia a la temperatura, es imposible determinar qué otros rasgos también fueron pasados, incluidos los no deseables.

Punto crítico: Toma un instrumento científico llamado un secuenciador de ADN para siquiera comenzar a comprender los rasgos de un solo pez, por no hablar de toda una línea de híbridos. Muchos rasgos, tales como la resistencia a enfermedades, o las tasas metabólicas, no son observables. Nunca asuma que una cruz dará como resultado el mejor de ambos mundos, nunca lo hará.

Un cruce con una de tilapia azul tilapia del Nilo puede resultar en un híbrido de rápido crecimiento para una persona y un lento crecimiento híbrido para el otro. Esto puede dar por resultado un pescado que las edades a un tamaño grande, o uno que muere cuando llega a seis pulgadas de longitud. Esto puede dar por resultado un pescado que puede sobrevivir a un rango de pH de 3 a 11, o uno que muere por debajo de 4, o en un pez que puede tolerar hasta 3 ppm de oxígeno, o luchas por debajo de 5 ppm. Sólo cuidadosamente las observaciones registradas, en el transcurso de muchos años, puede determinar la idoneidad de cualquier cruz, tilapia y los parámetros pueden cambiar con cada nuevo conjunto de padres.

En cualquier caso, siempre es mejor para la tilapia agricultor stick de pura cepa azul o la tilapia del Nilo, o bien documentado y comprobado los híbridos, en lugar de chapotear en experimentaciones genéticas aleatorias. Recuerde que el **éxito depende del cultivo de tilapia en la previsibilidad**. Ser capaz de predecir la fecha de cosecha, predecir el costo por libra de producción, o para comprender los límites de los parámetros ambientales, todos requieren una base de referencia confiable de estadísticas. Esta es la razón por la cual cruza reciente como el llamado *Nilo Blanco* y *oro hawaianos* no son, y probablemente nunca serán, comercialmente viables

TILAPIA MITOS

MARISCOS ORGÁNICOS ES UN MITO

La mayoría de las personas no saben qué significa en realidad orgánica. Si lo hicieran, que no ponga tanto valor en la palabra o pagar mucho más por la etiqueta. Tome un pollo orgánico, por ejemplo. Para que un pollo para ser considerado "orgánica", que ha permitido a vagar afuera de alguna manera. Esto generalmente resulta ser nada más que una pequeña losa de hormigón. No se administran antibióticos para curar la enfermedad, o vacunas para prevenir la enfermedad, y lo que es más significativo- **sólo pueden ser alimentadas con una dieta hecha con ingredientes orgánicos**. Si se tiene en cuenta que la dieta diaria de una gama verdaderamente libre de pollo "orgánico", incluye una amplia variedad de insectos y plantas, limitando su ingesta de alimentos a un puñado de ingredientes es tan *antinatural* como obtiene. La alimentación es una parte importante de la agricultura orgánica, y es la razón por la que hemos mencionado pollos antes de hablar de los mariscos. **A fin de que cualquier animal para ser considerado orgánico, su dieta también debe ser certificada como orgánica.**

La razón de que los mariscos no pueden ser etiquetados como orgánicos bajo las actuales reglas del Departamento de Agricultura, es casi enteramente debido a la oposición de la industria del salmón de Alaska, y su lobby en Washington DC. Salmón silvestre no pueden ser orgánicos, porque se alimentan de otros peces silvestres que no están certificados como orgánicos. Bueno, pero ¿qué pasa con los salmones de criadero, donde los peces son generados en los criaderos, y donde la comida puede ser completamente controlado? Así, bajo las actuales reglas de la USDA, el salmón cultivado *orgánicamente certificable*. Sin embargo, los pescadores que pescan el salmón salvaje no van a permitir que su industria millonaria amenazados por el menos costoso de producir en granjas de peces.

Punto de reflexión: la inversión necesaria para conseguir la entrada en la industria del salmón capturado en el medio silvestre se mide en millones. Mientras que la inversión necesaria para entrar en la industria del salmón en granjas puede ser hecha por cualquiera con acceso a las condiciones de cultivo adecuadas. Mediante una campaña permanente de mis-confianza pública para todos los peces criados en granja es cómo los grandes inversores tratan de proteger sus intereses.

Así que ahora, en lugar de comercialización del pescado con una etiqueta ecológica, tenemos que utilizar palabras como "Natural" y "La Granja" planteadas en los paquetes en su lugar. Por supuesto, nada de esto detiene el gestor de marisco en la tienda de comestibles de mala interpretación de cualquiera de estos términos para significar orgánicos, y luego simplemente hacer un cartel que dice "tilapia orgánica" para vender su pescado.

Cuando se trata de tomar decisiones personales entre capturados en el medio silvestre y granja planteadas, **los consumidores deben elegir siempre la granja planteadas de fuentes de EE.UU**. Si usted cree o no, los seres humanos tenemos nuestras vías fluviales contaminadas con aguas residuales crudas y tratadas, productos derivados del petróleo, los fertilizantes, el escurrimiento de pesticidas, y un sinnúmero de otras toxinas. Afortunadamente, el agua utilizada para el **American** Farm planteó, como tilapia, es tratada con un alto estándar de limpieza. Las granjas americanas son inspeccionadas bajo los lineamientos de la FDA, y el stock es la prueba de la enfermedad. Además, los peces son alimentados con una dieta nutricionalmente completos diseñados para mantenerlos sanos. Por todas las cuentas, tilapia de las granjas americanas fácilmente califica como orgánicos, pero el

Departamento de Agricultura de los Estados Unidos posee todos los derechos , y es el único organismo que puede sancionar la palabra "orgánico" en la etiqueta de cualquier alimento. Así que, al menos por ahora, mariscos orgánicos sigue siendo un mito.

Hay un montón de estupendos artículos sobre este tema de gran reputación y fuentes en Internet. Nuestra favorita es New York Times article desde hace unos años.

ORGANISMOS GENÉTICAMENTE MODIFICADOS (OGM) TILAPIA ES UN MITO

No hay mucho que pensar cuando se trata de alimentos genéticamente modificados. Después de todo, a partir de 2015, el 92% del maíz, el 94% de la soya y el 94% del algodón cultivado en los Estados Unidos es genéticamente modificada. La mayoría de las personas parecen estar en el lado que se opone a los alimentos genéticamente modificados, pero no entienden cómo evitarlos. Muchos de los ingredientes vienen de fuentes genéticamente modificadas. Si la etiqueta dice "alimento modificado almidón" o "el jarabe de maíz de alta fructosa" o "contiene" de soja, probablemente modificados genéticamente. De hecho, más del 75% de todos los productos alimentarios elaborados contienen algunos ingredientes modificados genéticamente.

Lo que la mayoría de la gente no sabe es que la lista de los alimentos genéticamente modificados es sorprendentemente corto. En una oración larga son: miel, aceite de canola, algodón, arroz, soya, caña de azúcar, maíz, tomates, patatas, lino, papaya, el calabacín, la calabaza de verano, achicoria, tabaco y guisantes. También cabe señalar que **todos los alimentos genéticamente modificados que se venden en los Estados Unidos requiere la aprobación del gobierno**. Y la aprobación no es un billete de ida, el gobierno también elimina los alimentos genéticamente modificados cuando surgen problemas.

Lamentablemente, vivimos en un mundo donde la publicidad mediante *inferencia negativa* es una bona-fide , estrategia de marketing y promoción de un producto como "non-GMO" se ha convertido en una poderosa herramienta de marketing. Declarando que su producto está libre de OGM, las empresas esperan que los consumidores inferir que sus competidores productos *no* contienen OGM o que ingredientes modificados genéticamente son comunes dentro de su categoría de producto. A su vez, esto obliga a toda persona que venda un producto similar para decir la misma cosa por ninguna razón. En nuestros propios alevinos de tilapia en venta Página, podemos afirmar que nuestros innecesariamente la tilapia son no-GMO. Esto lo hacemos porque nuestros clientes nos empezaron a preguntar acerca de él después de otro sitio web que empiece haciendo el absurdo reclamar. La inferencia es que la tilapia genéticamente modificados son comunes, lo cual no es el caso.

Punto crítico: OMG y no comer alimentos orgánicos no alterará el ADN de tilapia, o para esa materia. Algunas sustancias, como el mercurio en el salmón silvestre, se puede acumular en la carne de los animales marinos, pero la comida de tilapia no intercambiar material genético en las células de los peces. Las personas que promueven esta idea como parte de un programa vegana/orgánicos están tomando ventaja de las personas que no están educados en los conceptos básicos de la biología.

Así que vamos a aclarar esto de una vez por todas. En ningún momento el Gobierno de EEUU aprobó una tilapia genéticamente modificados para su venta al público. No hay absolutamente ningún tilapia genéticamente modificadas están criados para consumo humano en los Estados Unidos. Las únicas modificaciones genéticas a la tilapia se realiza **en Europa** a **"rojo" tilapia del Nilo**, y de nuevo, no están destinados al consumo humano.

(ROJO Y BLANCO) LA TILAPIA DEL NILO SON UN MITO

La primera informó de tilapia roja (Scientific American, 1964) fue producido en Taiwán en 1960. Es un cruce entre un mossambicus mutado (Mozambique) hembras y un macho niloticus (Nilo). Más tarde, en 1970, otra versión de tilapia roja fue creado por un genetista en Florida. Cruzó una hembra hornorum (WAMI), con un macho mossambicus roja y dorada. La descendencia de la Florida versión, denominada Cherry pargos, fueron introducidas en países como Jamaica y Brasil, donde sufrieron aún más la cría cruzada (intencionales o accidentales) con otras especies. Estas nuevas mezclas roja hizo su manera a lo largo de América Central y América del Sur. Mientras tanto, en el Oriente Medio, Israel agricultores de tilapia, ansiosos por la tilapia roja de su propia, cruzaron un mutado nilotica rojo con un aureus capturados en el medio silvestre (Azul), tilapia y crea el tercer mayor grupo de tilapia roja. La tilapia roja israelí fue fuertemente comercializados en lugares como Colombia y Jamaica, donde el pescado se suele vender como conjunto. Ha tenido tanto éxito, que el color natural de tilapia han sido removidos de la cultura de estas regiones.

Pero ¿de dónde proceden el color rojo? Además, los colores de la tilapia son realmente natural, mutaciones genéticas raras. Son de naturaleza similar a la de un animal (o humano) haber nacido albino. Los agricultores de Tilapia, ansiosos de ofrecer peces de diferente color, raza cruzada el raro con otras especies de peces de colores, con la esperanza de que la genética responsable de la mutación del color será dominante en uno o más de crías híbridas. Usted podría preguntarse por qué no simplemente mate la tilapia con la mutación del color tilapia a otro de la misma especie, pero, lamentablemente, no siempre resulta tan sencillo. La natural "salvajes" los colores son siempre dentro de una especie dominante. Para una mutación del color para ser desarrollado sin mezclar especies, el agricultor necesita un macho y una hembra de color que posea la misma mutación. Además, tanto el macho y la hembra tendría que ser compatible para la cría, y de tamaño similar. Podría tomar muchos años para que estas condiciones se presentan, de manera hybridizing con otras especies es la única opción realista.

Lamentablemente, la tarea no es más de una vez una descendencia con el rasgo de color deseado aparezca. Las crías de color debe ser incestuously criados al padre del mismo color para tener la posibilidad de producir un número de crías con colores similares. Entonces, desarrollar el color aún más, los hermanos son criados juntos durante unas pocas generaciones quitando los colores no deseados en un proceso conocido como sacrificio. Después de unas pocas generaciones, la nueva línea de color se introdujo en el mercado.

Algunas variaciones de tilapia roja reproducirse, lo que significa que producen descendientes que heredar el rasgo color. La verdadera la cría de tilapia roja todavía necesitan ser sacrificadas regularmente en la sala de incubación para impedirles volviendo a sus colores silvestres. Más a menudo que no, sin embargo, estas colonias de cría producen una mezcla de color natural y la tilapia roja. En un esfuerzo para hacer más fiable el color rojo, las tres variantes se han cruzado unos con otros, y otras especies.

El mayor problema con la tilapia roja es que no se trata de una especie. Por supuesto, algunos minoristas de tilapia descuidadamente se refieren a ellas como rojo Nilo, pero eso es sólo un truco de marketing recientes. No hay tal cosa como un rojo tilapia del Nilo, aparte del solo-en-un-millón, color rojo mutación ya mencionados. En los programas de hibridación normal, donde dos cepas genéticas puras son criados juntos, las crías son comúnmente conocidos como un híbrido de macho, pero este no es el caso de la tilapia roja. Su descripción del Nilo roja está siendo utilizada para crear la falsa impresión de que son una pureza genética. Lo mismo sucede con el Nilo Blanco, pero vamos a guardar para otro mito.

MÁS GIROS DE TILAPIA

Mito: Tilapia come caca.
Hecho: la tilapia se comen vegetales; no comen caca, a menos que se muera de hambre.
Verdad: el rumor de que la tilapia prefieren caca se deriva de un episodio de trabajos sucios en el Discovery Channel, en el que el

anfitrión, Mike Rowe, visitó una piscifactoría que planteó la lobina rayada híbrida. Mike expuestos sin saberlo la crueldad de los agricultores, ya que carecen de su tilapia en comer los desechos del más valioso bass. Algún tiempo más tarde, después de una protesta pública, la comunidad informó que la tilapia sólo estaban siendo utilizados como "limpiadores" y nunca fueron destinados para el consumo humano. Todavía no es bueno, pero lo que sea.

Otras investigaciones sobre las prácticas de cultivo de tilapia en Honduras, Vietnam, Indonesia y China, han informado de que no es raro que los acuicultores para privar a la tilapia a comer el estiércol de cerdo. Sorprendentemente, esta práctica no tiene que ser revelada cuando los filetes de tilapia son importados para la venta en US tiendas de comestibles. Esto es verdad de todas las importaciones de pescado. Para estar seguro, sólo debe comer pescado criado en los Estados Unidos.

Por el camino, utilizamos la palabra "hambrear" vagamente significa "no suministra ninguna fuente de alimento de las especies acuáticas legítimo". La tilapia tienen muy fuertes instintos de pastoreo y la huelga, y "picar" en casi cualquier cosa que entra en el agua, incluso los dedos de las manos y de los pies.

Mito: Tilapia beber el agua que nadan y viven.
Hecho: los peces de agua dulce no beba el agua. Los peces de agua salada.
Verdad: La tilapia es un pez de agua dulce. Absorbe el agua a través de sus branquias y piel que es por qué es tan importante la calidad del agua. Como ser humano, si nadar en agua fangosa usted estará bien porque su piel no absorbe agua en su cuerpo como una tilapia. Sin embargo, si usted bebe el agua sucia, eso es una historia diferente. La tilapia que se ven obligados a nadar en agua sucia va a absorber cada bit de esa maldad en sus cuerpos.

Mito: la Tilapia no tienen ninguno de los valiosos ácidos grasos Omega-3.
Hecho: una sola porción de la tilapia contiene 200 mg de ácidos grasos Omega-3. Ese es el mismo nivel que el mahi mahi, atún, bacalao, eglefino y muchos otros alimentos elogian por sus beneficios para la salud.
Verdad: La idea de que la tilapia no contienen ácidos grasos Omega-3 es parte de una amplia campaña para promover el salmón capturado en el medio silvestre. Fue sacada de contexto y ha sido vagamente repetido reiteradamente en los medios de comunicación social como una declaración de hecho sin pruebas.

Mito: Comer tilapia es peor que comer tocino.
Hecho: Comer tilapia es mucho mejor para usted que comer carne de cerdo o de cualquier producto. Visite el enlace anterior de nutrición para la prueba.
Verdad: el irresponsable titulado post no tenía nada que ver con la tilapia en absoluto. De hecho, la tilapia no son siquiera mencionados en el texto del artículo. Fue escrito por un conocido blogger para vender los suplementos de aceite de pescado.

Mito: Toda la tilapia son los mismos.
Hecho: la tilapia es una especie, no es un género. De hecho, es uno de los tres géneros", comúnmente conocida como la tilapia.
Verdad: Como recordarán de clase de biología. Tienes una familia Cichlidae, en este caso, y dentro de esa familia es una tribu conocida como Tilapiini, y en virtud de esa tribu son unos pequeños género', en nuestro caso Oreochromis. En virtud de esos géneros", tiene muchas especies. Cada especie evolucionaron independientemente, en diferentes lagos y ríos, remontándonos a miles de años. Cada una de las especies se desarrollaron diferentes características para ayudarlo a sobrevivir en su propio entorno. Hay infinitas variaciones de tamaño, color y temperatura de tolerancia, por no mencionar el hecho de que cada uno de los gustos diferentes.

Mito: algunos son híbridos de tilapia y, por lo tanto, mala para usted
Hecho: casi todo lo que usted come es un híbrido.
Verdad: Muchas personas confunden híbridos con cultivos modificados genéticamente, que son completamente distintos. La madre naturaleza crea híbridos todo el tiempo cuando las plantas y animales de diferentes especies comparten material genético. Sin embargo, la madre naturaleza es muy aleatorio, y la humanidad no viven lo suficiente para beneficiarse de todas sus variaciones, así que nos ayude a lo largo. En nuestro mundo moderno, casi todo lo que usted come es el resultado de miles de años de los seres humanos ayudando a la naturaleza mediante la creación de híbridos. La mayoría de las personas están familiarizadas con la adopción de un corte de una planta, e injertos a otro, para hacer un híbrido. Todo, desde las naranjas para maíz a los pollos para el ganado son híbridos.

Mito: Las granjas de peces el uso de hormonas para cambiar el sexo de tilapia de hembra a macho

Hecho: muchas **granjas extranjeras** efectivamente el uso de hormonas para cambiar el sexo de alevines de tilapia de hembra a macho. Sin embargo, Tilapia Lakeway no utiliza las hormonas, y el uso de hormonas no es común en los Estados Unidos, excepto en el estado de Nuevo México, donde el uso de hormonas es realmente requeridos por el departamento estatal de caza y pescado.

Verdad: Cuando la tilapia son en primer lugar sombreado, el género son menos; ni varón ni hembra. Por la dosificación de hormonas masculinizing, Un piscicultor puede causar alevines de tilapia para desarrollar como masculino en lugar de femenino. De hecho, algunas dosis hormonal puede incluso convertir alevines de hembra a macho, a condición de que sean administradas lo suficientemente temprano en su desarrollo. Entonces, ¿por qué desea que todo su ser macho de tilapia de todos modos? La respuesta es simple... durante sus 34 semanas, período de crecimiento de los machos (como un todo) crecen más grandes que las hembras. Además, en los sistemas de acuicultura cría incontrolada puede resultar en pérdidas financieras debido a un mayor consumo de alimentos, retraso en las cosechas, y la reducción de los rendimientos. La tilapia agricultor se queda con pocas opciones para abordar estas cuestiones.

El método que utiliza para controlar la Tilapia Lakeway poblaciones de tilapia es el sacrificio de precisión. En resumen, identificamos los alevinos de tilapia individuales que probablemente se ha desarrollado como masculino, mientras que aún están en dos pulgadas de largo. Es muy intensiva en mano de obra, pero el resultado es una población predominantemente masculino de tilapia, sin el uso de hormonas. Como alternativa, el granjero puede reducir las posibilidades de reproducción mediante la creación de condiciones que no son propicias para el desove, como en jaulas o recintos, o simplemente mediante la restricción del acceso a una superficie plana y horizontal.

Mito: Tilapia lomos son la mejor parte de la tilapia.

Hecho: los lomos de tilapia es solo un truco de marketing. Los peces no tienen lomos.

Verdad: El lomo es la carne en un mamífero terrestre, entre el más bajo las costillas y los huesos de la cadera. Los peces no tienen piernas, por no hablar de las caderas y por lo tanto no tienen lomos. Sin embargo, algún gurú de la comercialización se dio cuenta de que la gente asocia la palabra "loin" con algunos de los más caros cortes de carne de res y cerdo, y vino para arriba con la idea al mercado 1/2 filetes con un nombre de fantasía, y un precio superior. Este es el mismo truco de marketing que nos trajo solomillos de pollo. Para obtener un "lomo" de uno de nuestros tilapia, simplemente dejar que crezca a un tamaño muy grande, mientras que el procesamiento de los filetes, corte y deseche la mitad inferior del filete, y hay que ir. Un montón de tiempo extra para crecer, lotes de tilapia extra gasto alimentario, y montones de desperdicio de filete. No es de extrañar que la tilapia lomos son tan caros.

LA CRÍA DE TILAPIA

COLONIA DE CRÍA DE TILAPIA LISTA DE COMPROBACIÓN DE INICIO RÁPIDO

Las siguientes instrucciones están diseñadas para ponerse en marcha rápidamente. Estos pasos representan sólo uno de los muchos métodos de cría de tilapia. Le animamos a leer las explicaciones más a fondo que siga esta lista de comprobación de inicio rápido.

Nota: A los efectos de estas instrucciones, considere la posibilidad de un nuevo macho de cría como cuatro pulgadas de largo.

- Configurar un acuario que es al menos 6 veces más largo que la longitud de su macho. Por favor tenga en cuenta que la tilapia superan un acuario de tamaño mínimo muy rápido. Por esta razón, le recomendamos que considere el uso de un acuario que sea de al menos 48 pulgadas de largo.
- Llenar el acuario con agua declorada.
- En un extremo del acuario, coloque una maceta de terracota que es al menos 1,5 veces profunda y ancha, como la longitud de su macho. Coloque la olla exactamente 1,5 veces la longitud del macho desde el extremo del acuario, con el lado abierto de la maceta hacia el extremo del acuario.
- En el medio del acuario, coloque 5 secciones de tubo de PVC que son al menos 1,5 veces más larga que la de sus mujeres. El diámetro del tubo de PVC debe ser 1,5 veces la altura de la hembra con su aleta dorsal (parte superior) retraído. Lo más grande no es mejor! Pila de PVC y pegue las secciones en forma de pirámide con cemento de PVC. La pirámide de PVC deben colocarse con los extremos abiertos hacia la parte frontal del acuario, para mantener a las mujeres fuera de la línea de visión del hombre, mientras él está en su maceta.
- En el extremo opuesto del acuario, lo más lejos posible de la maceta, colocar una piedra de aire del cilindro 2".
- Entradas de filtración y devuelve puede ir a cualquier lugar en el acuario, excepto en el extremo con la maceta. Tenga cuidado de no crear un flujo de agua a través de la maceta con su retorno de filtración, ya que limpien los huevos, mientras el macho intenta fertilizar.
- Establezca su acuario de cría la temperatura a 85º. Utilice un calefactor de metal que tiene una alarma y un termostato externo si es posible. La tilapia tienden a bash en sus calentadores diariamente y pueden romperse fácilmente unidades

de vidrio. Mantener un pH de 8.0 exactamente. No confíe en las tiras de prueba, utilice un medidor de pH electrónico para las pruebas.
- Utilizar un Esterilizador UV, si es posible, eliminar el agua verde causado por el fitoplancton saludable en los acuarios.
- Alimente a su colonia de cría una dieta alta en proteínas. Alimentar a no más de 1/2 de cucharadita por día a la colonia entera para minimizar el crecimiento.
- Cuando la hembra está cargada de huevos, ella parecerá como si la chupa en un jawbreaker. Ella no abre su boca para respirar, y ella no va a comer cuando le da de comer a sus compañeras. Ella va a nadar en los alimentos como si ella quiere comer, pero ella se detenga antes de tomar cualquier medida en. Esperar dos días antes de continuar con el siguiente paso.

Nota: Los tres pasos siguientes están destinadas a parejas reproductoras. Criaderos comerciales utilizan una variedad de métodos para incubar los huevos, ninguno de los cuales permiten a la madre a permanecer en contacto con sus huevos.

- Mover con cuidado la hembra a un acuario que es al menos 3 veces su longitud. Este acuario tiene que estar totalmente equipado con filtración de aire y una piedra. Darle una sección de tubo de PVC para esconderse. También cubren la entrada de filtración con una fina malla malla para evitar los huevos y alevines de succiona.
- Mantener la temperatura en el acuario de la madre en 85º. No alimentar con ella durante este período.
- En pocos días se estrenará su tilapia fry, y puede mover cuidadosamente su espalda a la principal colonia de cría de acuario.
- Alimentar a los alevines de tilapia una combinación de algas y/o discos de calidad profesional freír alimentos. Usted puede hacer un buen sustituto para freír alimentos profesional aplastando AquaMax 300 en un polvo.

Punto interesante: Para el estudio de laboratorio, al controlar el momento exacto de la fecundación es requerido, podemos extraer los óvulos y espermatozoides de la tilapia y luego combinarlas en un vaso de precipitados. Esto comúnmente se realiza para comparar diferentes especies responden a condiciones específicas o los ingredientes de los piensos en las distintas etapas de crecimiento.

Acuario de cría de tilapia

En esta guía vamos a centrarse en un solo tipo de crianza de tilapia, conocido como el acuario de cría. Es con mucho el método más fácil de la cría de alevines de tilapia para utilizar en acuaponía, piscicultura y otros sistemas de acuicultura de recirculación. Otros métodos de cría de tilapia, que se mencionan aquí para la integridad, pero no son una parte de esta guía son:

- Jaula - incluyendo las jaulas en estanques.
- Pen - incluyendo plumas con jaulas.
- Pond - incluyendo los estanques con jaulas y corrales.
- Tanque - incluidos los tanques con plumas.

El cristal del acuario le permite supervisar constantemente la actividad de su colonia de cría de tilapia. Usted podrá observar el comportamiento agresivo y posición retiros adicionales si es necesario. Usted será capaz de ver cualquier lesión mientras todavía hay tiempo para tratar. Y lo que es más importante, usted será capaz de determinar la fecha exacta en que tu hembra(s) comenzar a transportar los huevos.

¿Qué es una colonia de cría de tilapia?

Básicamente, un macho y dos o más mujeres tilapia, constituyen una colonia reproductora. Si era sólo uno de cada uno, lo más probable sería llamado un *par de cría*, o la pareja. Pero aparte de la nomenclatura, una colonia reproductora se denomina así porque se compone de varios miembros.

COMPRENSIÓN DE LA PROPENSIÓN A LA CRIANZA

No todos la tilapia tiene una tendencia natural a desovar. Muchos aficionados peces guardianes comete el error de etiquetado de un macho no productivos como "impotencia", lo cual indicaría que el hombre es incapaz de spawn, pero no es tan sencillo. De hecho, la mayoría de los machos de tilapia no son accionados para procrear a todos. Incluso en una "colonia" donde una cría macho tiene su chromatophores mostrar colores de cría perfecto, las mujeres todavía toma todas las decisiones. Si ella no tiene la inclinación a raza, cada pocas semanas, ella simplemente se incida en su saco de huevos en la primera luz de la mañana y deje que sus compañeros de tanque de disfrutar de una comida de huevos frescos.

Comprensión del proceso de cría
Interior de una hembra de tilapia hay un saco de huevo que puede contener aproximadamente cuatro huevos por cada gramo de su peso corporal. La hembra produce huevos como un proceso biológico involuntario y se almacenan en el saco de huevos. Como el saco de huevos rellenos, la hembra comienza a engordar, y ella comienza a sentir algo de presión interna. Ahora ella tiene que tomar una decisión: o propagar o evacuar. Nadie sabe con certeza cómo una hembra con la propensión a la raza llega a su decisión, pero muchos expertos están de acuerdo en que sus acciones se basan principalmente en las condiciones ambientales y las amenazas a la supervivencia de su especie. Cabe señalar también que ella puede sentir la necesidad de evacuar a su saco de huevos antes de que esté completamente lleno, dando la impresión de que el pescado Torrero que ella está produciendo más huevos que otras hembras, pero es menos huevos con más frecuencia.

Secretos comerciales: Si obtiene una colonia demasiado cómoda, son nadar alrededor de contenido pensando en su próxima comida sencilla, pero si se hacen demasiado estresados, que no se reproducen en absoluto. La tilapia Lakeway emplea varios métodos para mantenerlos en algún punto intermedio. El truco es para mantenerlos "pensar" de que existe una amenaza inminente para sus números, por lo que se ven obligados a procrear para la supervivencia de la especie.

Así que vamos a estudiar en primer lugar de evacuación. La hembra está sintiendo la presión y ha decidido que no quiere desovar con el macho. Quizás ella no perciben ningún tipo de amenazas a la especie, o quizás ella simplemente no tienen la inclinación a la raza. Ella también puede percibir que el hombre es débil y ella no quiere que sus hijos hereden sus rasgos de inferioridad. Todo lo que queda para ella hacer es presionar y empujar sus huevos en el agua. En cuestión de segundos, han desaparecido.

Ahora vamos a explorar el Flipside. Ella ha decidido a desovar con el macho. Entonces ella abandona la seguridad de su escondite y se muestra el macho su vientre hinchado. Suponiendo que él tiene la propensión a desovar, él responde mostrando su "Cría de colores". La tilapia contienen células de la luz que se refleja en sus escalas llamado *chromatophores*. Esto les da la posibilidad de cambiar los colores, señalización de las mujeres que están en el "espíritu de cría". El macho también preparará un lugar limpio en su "guarida", en nuestro caso una maceta, para la hembra a poner sus huevos. La pareja va a nadar en círculos uno alrededor del otro como si perseguir colas de cada uno. Entre sus "bailes" el masculino dart en su guarida en un esfuerzo para atraer a la hembra para el área que él ha preparado.

Finalmente, la hembra irá a su lugar preparado y presionar en su saco de huevos, tirando unos huevos mientras que el macho guarda la entrada. Nada como la hembra, el macho irá dentro y fertilizar los huevos. Después él se va, ella se va hacia dentro y recoger los huevos en su boca y luego la vuelta y empujar un poco más. Este proceso se repetirá hasta que el saco de huevos está vacía o hasta que se interrumpe el desove, generalmente por un agresivo femenino, conocido como "alfa" femenina

Punto importante: Uno de los problemas más comunes en la cría de tilapia es la *hembra alfa*. Como el nombre implica, ella cree que ella es el gobernante de la colonia. Ella puede incluso imitar la coloración de los machos y tomar residencia en la guarida en un intento de engañar a todo el mundo que es un macho. Se piensa que este es un comportamiento instintivo de autodefensa.

La hembra llevará los huevos fertilizados en su boca mientras se incuban. A 85 grados fahrenheit se tarda alrededor de 48 horas de los huevos a formar colas. Dentro de 96 horas los huevos tienen una cabeza y cola y son comúnmente conocidos como "huevo saco fry". Por el séptimo día, la RFY se aventuran fuera de su madre la boca y explorando el mundo

¿Qué acerca de las colonias de cría con dos hombres?

Esta es otra área donde los aficionados y YouTuber's están poniendo en evidencia su falta de conocimiento. Si pones dos varones con una propensión genética a la raza en el mismo depósito, que se centrará en matar uno al otro hasta que uno está muerto, no ifs ys ni peros. Usted simplemente no puede tener dos machos Bull piensa en el hato (ELK). La única respuesta es que uno o ambos de los machos no poseen las características necesarias para criar. Por lo tanto, si usted tiene un macho de cría en una colonia masculina dos, el macho no reproductora está ocupando espacio al menos, ni interrumpir la reproducción en el peor.

SELECCIÓN DE ESPECIES DE COLONIA DE CRÍA DE TILAPIA

Algunas especies crían más activamente que otros. Por ejemplo, la tilapia azul raza más fácilmente que Wami. La razón de esto parece estar arraigada en los temperamentos entre estas dos especies. Wami tilapia tienden a ser más skiddish, mientras que la tilapia azul puede conseguir tan acostumbrados a la mano que le permiten "mascota" cuando las condiciones sean las adecuadas. De hecho, vemos regularmente el desove de tilapia azul en el extremo de un acuario de 125 galones, mientras estábamos trabajando en la filtración en el otro extremo, como si no estuviéramos ahí. Por supuesto, como cualquier aquarist puede decirle, cada pez tiene su propia "personalidad"; pero, en general, más armonioso del sexo femenino y el masculino, más agresiva es la más fiable el desove, y es más probable que los huevos sobrevivirán en la RFY.

Al menos tan importante como la disposición de la especie para criar, y quizá aún más importante, es la pureza de la especie. Muchas personas están confundidas acerca de la nomenclatura científica de híbridos. Por ejemplo, si se cruza un macho con una hembra, Nilo Azul, hablando científicamente, la descendencia debe ser llamado "Blank" híbrido de Tilapia del Nilo, donde el "Blank" es cualquier palabra que usted elija. Por ejemplo, híbridos de tilapia del Nilo Lakeway. Por desgracia, la gente no lo hace. En su lugar, colocar ese inconveniente, la palabra "híbrido" y sólo ir con nombres como Lakeway tilapia del Nilo. Lamentablemente, hay enormes problemas con esta práctica cuando se trata de la cría de tilapia. Nomenclatura incorrecta causa confusión que conduce a la identificación errónea de la tilapia, contaminación de líneas genéticas, y poco fiables, crianza y parámetros de cultivo. **Esto puede resultar en pérdidas financieras catastróficas para los agricultores de tilapia.**

Existen cinco especies de pura cepa común de tilapia a la cría de tilapia en los Estados Unidos. Ellos son: el azul, el Nilo, Mozambique, Wami y Zilli. La tilapia azul son, con mucho, la más fácil de administrar, con propósitos de cría, así como la mayoría de las especies adecuadas para nuestro clima promedio global. Considerar Nilo cerca del segundo, porque lo que falta debido a su intolerancia al agua fría, casi compensar con su capacidad para sobrevivir en condiciones de escasez de agua, lo que las convierte en una buena elección para el agricultor de tilapia ausentes. Mozambique tendría que ser la tercera pura cepa especies de elección, pero sólo porque Wami tilapia son increíblemente meticuloso, y sólo hay muy pocos datos sobre la cría de tilapia Zilli.

En cuanto a la cría cruzada tilapia, el primer y más famoso híbrido es la tilapia roja. Muchas personas llaman a esto "Rojo" del Nilo, pero no es más que el Nilo es Cocker Spaniel. Si desea más información sobre la tilapia roja, echa un vistazo a nuestra página de mitos de tilapia. Una cruz muy superior que fue desarrollado a finales de los 50's, y llevados a los Estados Unidos a finales de los 70's, es predominantemente masculina especialmente sacrificados cruzada entre cepas de Wami y Mozambique. Por supuesto, se tardaría unos 20 años más antes de que se apoderó del cultivo de tilapia en los Estados Unidos, de manera que hubo tiempo suficiente para sacrificar a cada especie para la mayoría de los rasgos deseables. Los resultados de estos esfuerzos son los Wami híbridos que tenemos hoy.

Punto importante: el sacrificio de una especie significa simplemente para quitarle los rasgos indeseables de cada generación subsiguiente sólo por parejas reproductoras con características deseables. La diversidad genética y se evita la endogamia por prevenir el desove con las generaciones anteriores. Hecho correctamente, se necesitan muchos años para traer un rasgo que ocurren naturalmente en la dominación.

Otros cruces híbridos que consiga alguna mención en la Internet son "Nilo Blanco", que es un híbrido entre una mujer y un azul Nilo masculino; y el oro hawaiana, que es una posible línea de Mozambique. Podemos decir que estos son los "posibles" porque aparecieron en la Internet hace unos años ausente de cualquier estudio científico o documentación, sin embargo los resultados son hipotéticamente posible. Ninguna de estas tilapias son cultivadas a cualquier grado mensurable, independientemente de lo que su re-vendedores le hace creer.

CÓMO SEXO TILAPIA

Determinar el sexo de la tilapia es uno de esos temas que deja a la mayoría de la gente rascándose la cabeza y preguntando lo que has perdido. Si tuviese que adivinar, me atribuyen la confusión a todos los videos inexacta a la izquierda "rot" para la eternidad en YouTube, y todos los perezosos de cortar-y-pegar web "autores" que grab información incorrecta de otros sitios y, a continuación, poner sus propias mentiras sobre ella. Hay unos pocos sitios web que acertar, pero incluso entonces sólo migajas de información básica es dado sin explicar todo el abanico de posibilidades. En otros casos, la información se presenta en un formato técnico que asume demasiado conocimiento periférico por parte del lector.

A diferencia de nuestro guía de cultivo de tilapia, que está escrito para gente sin antes tilapia educación, voy a asumir que usted ha sido expuesto a un montón de inútiles e información inexacta. Para ayudarle a depurar estas inexactitudes desde su base de conocimientos, voy a ir fuera de mis límites habituales y empujar contra algunos errores comunes que actualmente dominan el mercado de los motores de búsqueda en Internet.

Requisitos previos

He evitado escribir esta página durante un largo tiempo. No porque es que algunos de los grandes secretos comerciales, o que me preocupa que la gente sexo su propia tilapia y crear competencia por Lakeway Tilapia. Ya sé que un par de tilapia re-vendedores van a enviarme emails de odio a través de esta página, y yo ni siquiera se preocupan por ellos. La razón por la que he evitado escribir esta página es porque la gente va a discutir conmigo. No otros criaderos de tilapia, pero todos los días a las personas que han estado expuestas a tanta mala información que se pondrá en contacto con "lo que nos acerca de esto" o "He oído que" o "Aquí es cómo lo hago". Así que antes de que yo siquiera empezar a explicar cómo sexo tilapia, hay algunas cosas que usted debe estar de acuerdo.

Los educadores lea esto primero

Me siento muy honrado por el hecho de que la Tilapia Lakeway se utiliza como una ayuda pedagógica en las aulas de toda América. Como puedo añadir páginas a este sitio web, puedo hacer mi mejor esfuerzo para estar a la altura de los estándares que los profesores han llegado a esperar. El tema de sexaje de tilapia es más fácil explicar haciendo referencia a los órganos reproductivos en términos más conocidos y con más formas de vida familiar, incluyendo a los seres humanos. Si usted está enseñando a los niños bajo la edad de 18 años, sírvase revisar cómo la información en esta página está presentada, y determinar por sí mismo si el material es apropiado para su distrito escolar. Si encuentra algo que provoca inquietud, no dude en enviarme un correo electrónico.

La cría de tilapia

Si usted está tratando de determinar el sexo de un tilapia a los fines de la cría, por favor tenga en cuenta que hay mucho más para establecer una colonia reproductora de identificar simplemente azar machos y hembras. Para tener éxito, la tilapia debe exhibir el *comportamiento reproductivo*.

Para los hombres, esto significa comportamiento muy agresivo hacia las hembras, casi hasta el punto de matarlos. Para las mujeres, esto significa que el comportamiento muy subordinada, escondidos en tubos, y evitando los machos cuando ella no está preparada para desovar. *Las hembras alfa* que impiden que el desove para toda la colonia, o los hombres que la *escuela con las chicas* son ejemplos de las características que deben evitarse. Incluso existen *rasgos positivos* que puede resultar una ventaja para la reproducción de algunas especies de tilapia. Identificación de tilapia el género es sólo el primer paso en la creación de un exitoso programa de cría.

Leer y comprender
A aquellos que dicen que una imagen vale más que mil palabras, yo diría que una imagen, como todo arte, está abierto a mil interpretaciones. Aquellos de ustedes que han aprendido de mis guías, lo han hecho porque me he tomado el tiempo de escribir esas miles de palabras. Hay docenas de vídeos engañosos y mal etiquetados fotografías en Internet. Una imagen en particular se usa en dos sitios web distintos con diferentes tilapia identificado como la hembra en cada uno. Incluso la imagen que *está* correctamente etiquetada, deja al espectador con la impresión de que todos los oviductos de tilapia tienen el mismo aspecto. Que no lo hacen. Así que antes de que me envíen un correo solicitando fotos, tomar un segundo para leer mis palabras de nuevo. Si algo no está claro, por favor envíenme un correo electrónico y actualizaré esta página con más palabras.

No hay "Granny sexaje tilapia"
Hay un video en Internet en el que el presentador de redes un maduro tilapia, voltea su más, roza con colorantes alimentarios en sus genitales, y muestra su oviducto. En realidad él comienza diciendo que él no es ningún experto, ofrece información del entorno y la temperatura erróneas, luego hace mal las declaraciones generalizadas sobre la forma de la papila genital. El orador concluye su intervención reiterando el hecho de que él no es un experto. Siempre estoy molesto por personas que intentan *enseñar a escaquearse* diciendo "Aquí está cómo lo hacemos" y <en caso de que no obtenga los mismos resultados> "no somos expertos"

Iniciar la cría de tilapia en cuatro pulgadas de largo, o aproximadamente 60 días de edad. Esto es cuando su actividad reproductiva es más frecuente. Por el tiempo que han crecido hasta aproximadamente ocho pulgadas de largo, pero todos ellos han dejado de reproducir en sistemas pequeños. Esto es debido en gran parte a requisitos territoriales y espacio de depósito. La cría de tilapia grande requiere técnicas de pluma o jaula que ya no son económicamente viables. Por esta razón, tendrá que aprender a sexo tilapia que son menores de 4 pulgadas de largo con agua-firme oviductos. Usted simplemente no puede hacer esto con un colorante alimentario y la ONU-ayudado ojo.

El sexaje de tilapia vs. determinar el género
Realmente no me gusta utilizar la frase "cómo sexo tilapia". Aparte de sonar raro, no le dirá no de pescado a la gente lo que estás haciendo. Prefiero utilizar "Cómo determinar el sexo de tilapia". Desafortunadamente, si quiero que esta página se encuentra en Internet, tengo que usar el primero. Dicho esto, cuando usted se comunica conmigo, y esperemos que en el futuro las comunicaciones con otros, deberá modificar su descripción a este último.

Errores comunes
Aquí están algunas cosas que usted puede haber leído en Internet acerca de sexaje de tilapia que sería mejor olvidar.

Una mancha en la aleta dorsal
Algunas personas creen que una mancha en la aleta dorsal de alevines indica que los alevines será un macho. Otros creen que la mancha indica la especie. Es sólo una mancha de gente. Todos los alevines de tilapia obtenerlos, carecen de sentido.

Papila genital forma
Se ha dicho que la forma de la papila genital puede utilizarse para determinar el sexo de la tilapia. Esta es una absoluta gran tontería. La tilapia genitales vienen en todas las formas y tamaños, al igual que todas las criaturas vivientes. En tilapia, la papila genital puede ser largo y delgado, grande y redondo, ir de FAT a objetos puntiagudos o de puntiagudas a fat. Algunos cuelgan

hacia abajo y algunos parecen casi empotrado en el cuerpo de los peces. Y sí, todo lo anterior puede ser usado para describir cualquiera de machos o hembras.

2 agujeros versus 3 agujeros

Algunas personas dicen que las hembras tienen tres orificios y machos tienen 2 orificios. Bueno, pues sabemos que uno de los tres orificios es el ano. Y para ser honesto, si usted está buscando en la parte inferior de la tilapia y no puedo averiguar qué agujero es el ano, dar a los peces una luz squeeze. El ano se hará evidente. El otro orificio, el conducto urinario, es sobre el diámetro de un cabello humano a la hora de orinar, y se cierra completamente cuando no está en uso. No puede ver sin un microscopio. El tercer agujero (si desea llamar a un agujero) es una línea hermética, de unos 50 micrones de ancho y la mitad de un milímetro de largo. No se puede ver sin amplificación y tinción de contraste alto. Nunca he conocido a nadie que pueda ver algo pero el ano sin amplificación.

Color rosa

Si bien es cierto que algunos machos de tilapia azul se torna rosado cuando están listos para desovar, hay tantas mujeres que hacen esto también. Además, el color rosa no se correlacionan necesariamente con un deseo para desovar.

Papila genital colgando

Cuando algunos hombres están activamente el desove, la papila genital puede cuelgan como si erecto. Este puede ser fácilmente observado en la tilapia previamente identificados como los hombres, las mujeres también pueden aparecer colgando antes, durante y después de empujar los huevos fuera de su oviducto.

Los machos son más grandes

En general sí. Sin embargo, hay mujeres que crecen tan rápido como los hombres y hay varones que crecen tan lento como, o incluso más lento que el de las hembras.

Que parece un...

La tilapia no son clones. Cada uno es un individuo único. No hay absolutamente ninguna forma de determinar el sexo de una tilapia por su apariencia o por el tamaño y la forma de cualquier función. Esto incluye aletas, colas, escalas, rayas, ojos y tamaño.

Las herramientas que necesitará

Casi cualquier persona puede voltear una libra de tilapia y ver a su hembra oviducto. Pero ¿de qué sirve para identificar una no-reproductivo femenino? Supongo que desea identificar las hembras de tilapia con propósitos de cría, así que vas a necesitar para identificar a jóvenes y mujeres, con menor estancas y oviductos altamente elástica. Tus ojos solos no van a ser suficientes.

Guantes

Guantes mantener la tinción de contraste alto fuera de sus dedos y evitar las espinas dorsales de apuñalar a usted bajo las uñas o en la palma de tu mano. Prefiero utilizar la Playtex® guantes, pero también puede utilizar cualquier vinilo, látex o nitrilo guantes de examen.

Tinción de contraste alto

Manchas de alto contraste que de otra forma invisibles los cambios en la topografía de la papila genital visible. La mejor mancha a utilizar es la violeta de genciana, también llamado cristal violeta. Lamentablemente, esta mancha es considerado un riesgo sanitario y medioambiental, por lo que es difícil de conseguir a menos que usted es un negocio que tradicionalmente utiliza o una institución educativa. La siguiente mejor mancha es el azul de metileno que es más fácilmente disponible.

Toallas de papel

Se usan toallas de papel para absorber el agua y las manchas de la papila genital.

Bastoncillos de algodón

Bastoncillos de algodón se utilizan para aplicar manchar a la papila genital.

Visor de lupa

Yo uso un Optivisor®, con un añadido monocle. Esta herramienta se utiliza principalmente por los joyeros de sus facetas y ajuste de piedras. Hace ver el pequeño oviducto sea mucho más fácil

La red suave grande

El sexaje es muy estresante para la tilapia. La tilapia permanece en la red para todo el procedimiento de sexaje. Un suave net pasará un largo camino para evitar despojarlos de su pelaje de slime.

Luz brillante

Prefiero utilizar la luz solar directa, sino de una luz de 100 vatios (5000k) LED Spotlight también funcionará si consigues en muy estrecha. Nada menos que estas dos opciones resultará en frecuentes de identificación errónea.

El procedimiento para la tilapia sexo

Paso uno

Utilizando un paño suave net, mantenga una pequeña tilapia en la mano derecha como se muestra en la figura. La tilapia que soy el sexaje por estas imágenes es de cuatro pulgadas de largo. Este es el tamaño que la tilapia comienzan a reproducirse.

Paso dos
La papila genital seca con una toalla de papel y aplicar una pequeña cantidad de tinción de contraste alto.

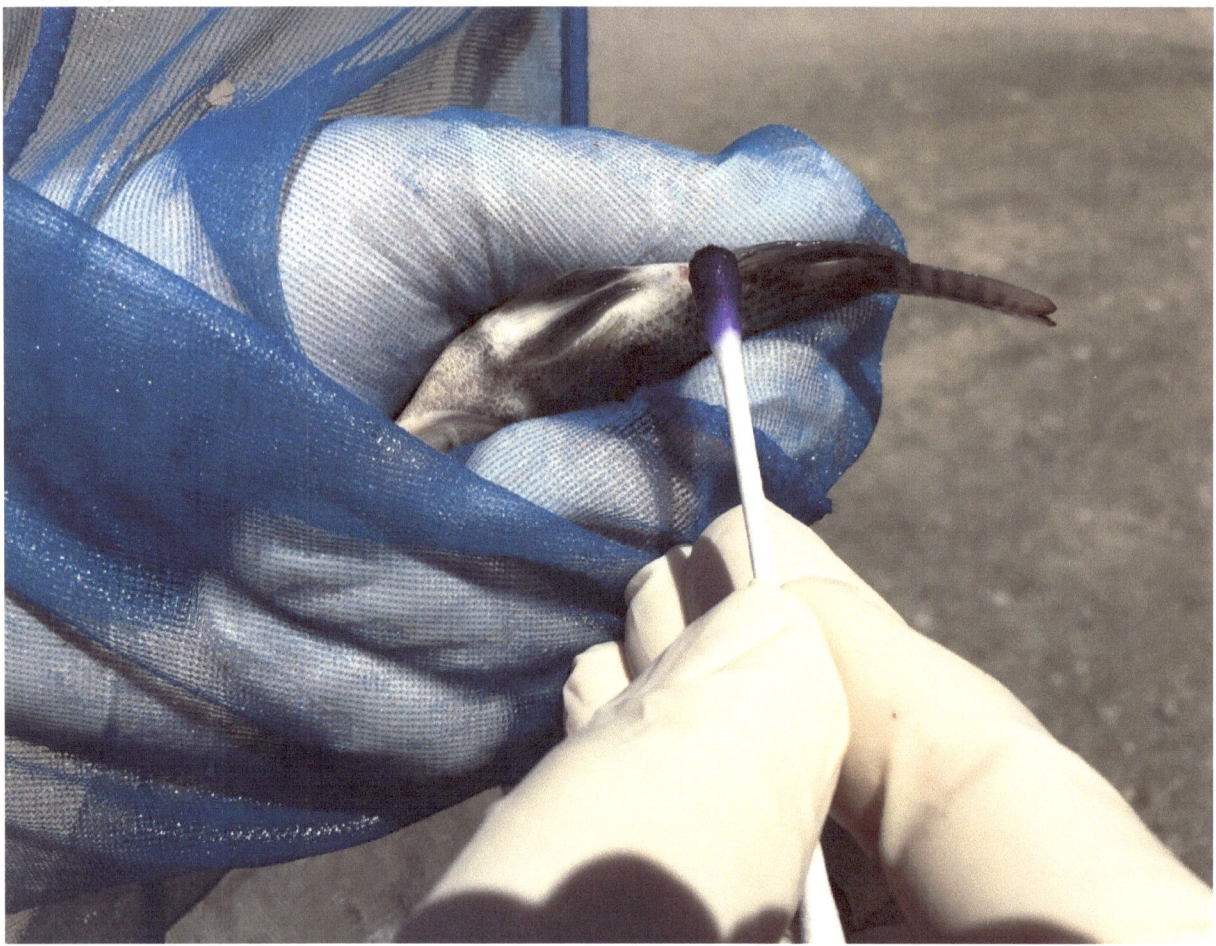

No hay necesidad de aplicar a cualquier mancha zonas distintas de lo que se muestra en la imagen a continuación.

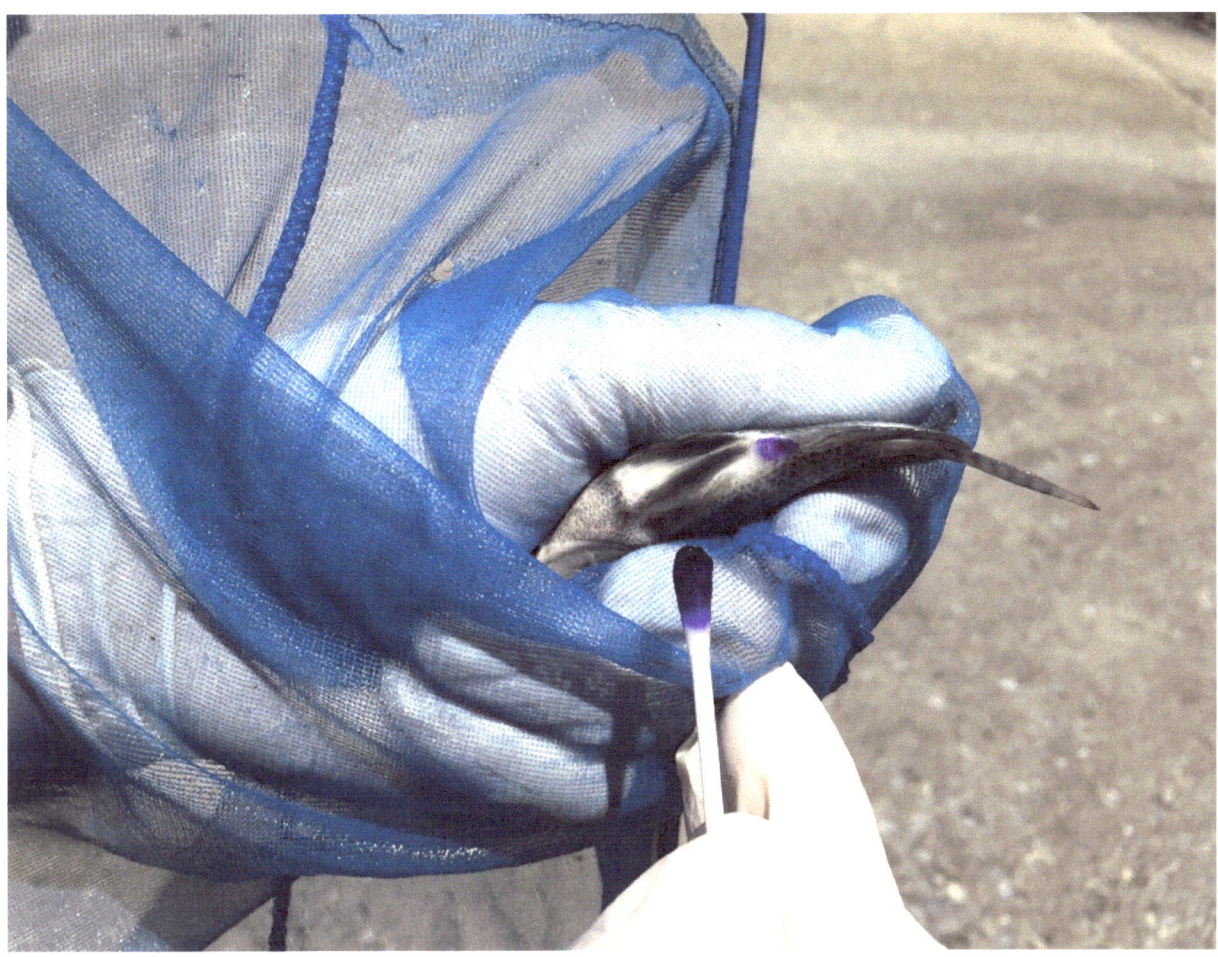

Paso tres

Pon en tu visor de lupa, si no está ya en su cabeza, y examinar la zona manchada. A veces ayuda un poco para girar su cuerpo para modificar el ángulo del sol y las sombras. Usted también puede darle a los lados de los peces cercanos a la región genital una luz muy squeeze para aumentar ligeramente la presión interna en esa zona. El oviducto es muy pequeño y a veces no se puede ver, todo lo que puede ver es una sangría en la papila donde debería estar el oviducto. Si no ve ninguno de estos, es un macho.

Bien lo sabes, es una chica!

Las fotos de abajo fueron tomadas mirando a través de mi visor y adjunta monocle. Recuerde que usted está buscando algo que es de aproximadamente un milímetro cuadrado y casi imposible de fotografiar. Sin embargo, incluso con un enfoque perfecto, el oviducto no era visible en esta instancia.

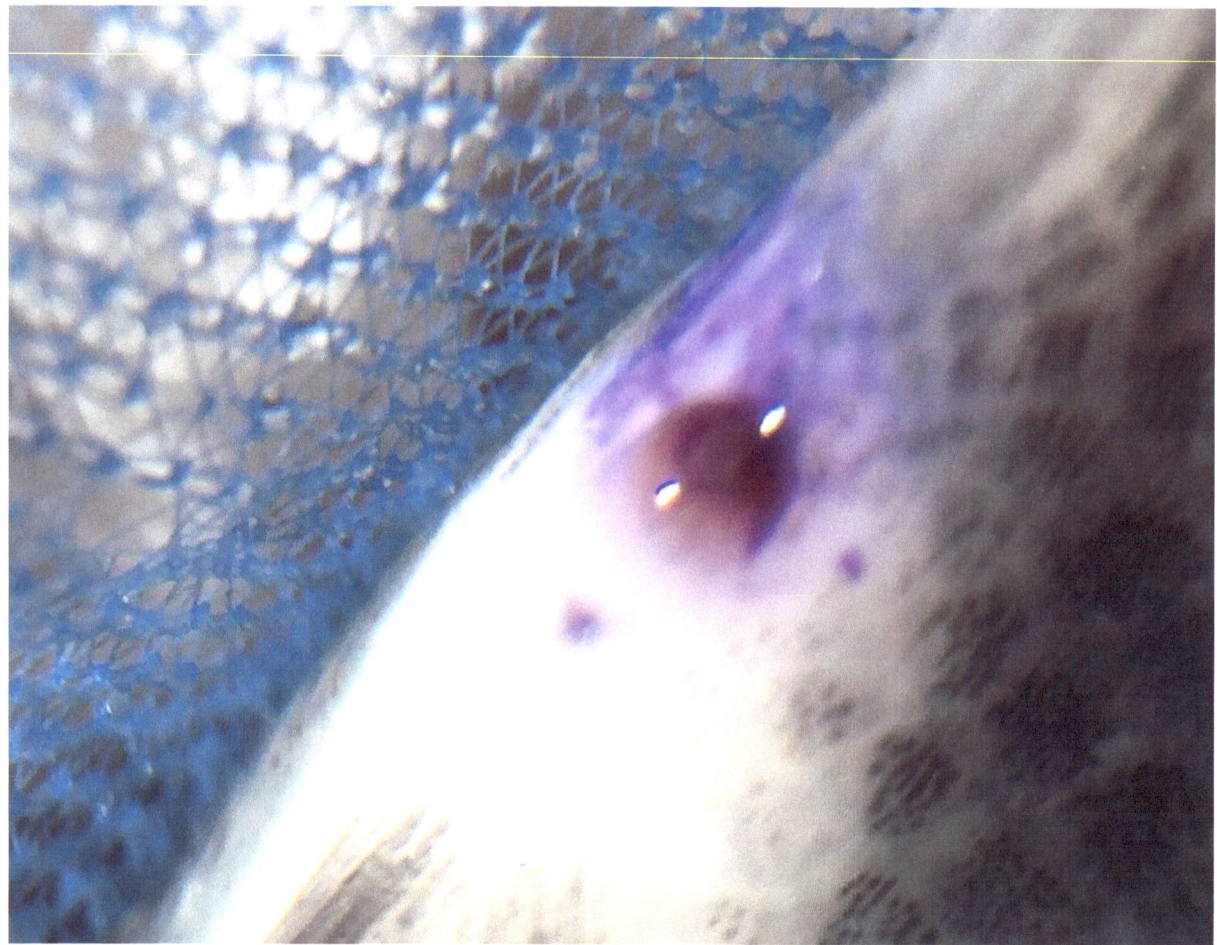

Entonces, ¿cómo sé que ella es una mujer? Observe los dos puntos de luz en la papila? De esa manera. Esos dos puntos de luz indican que hay un guión entre ellos. Si se trata de un varón, la luz tendría un aspecto muy diferente.

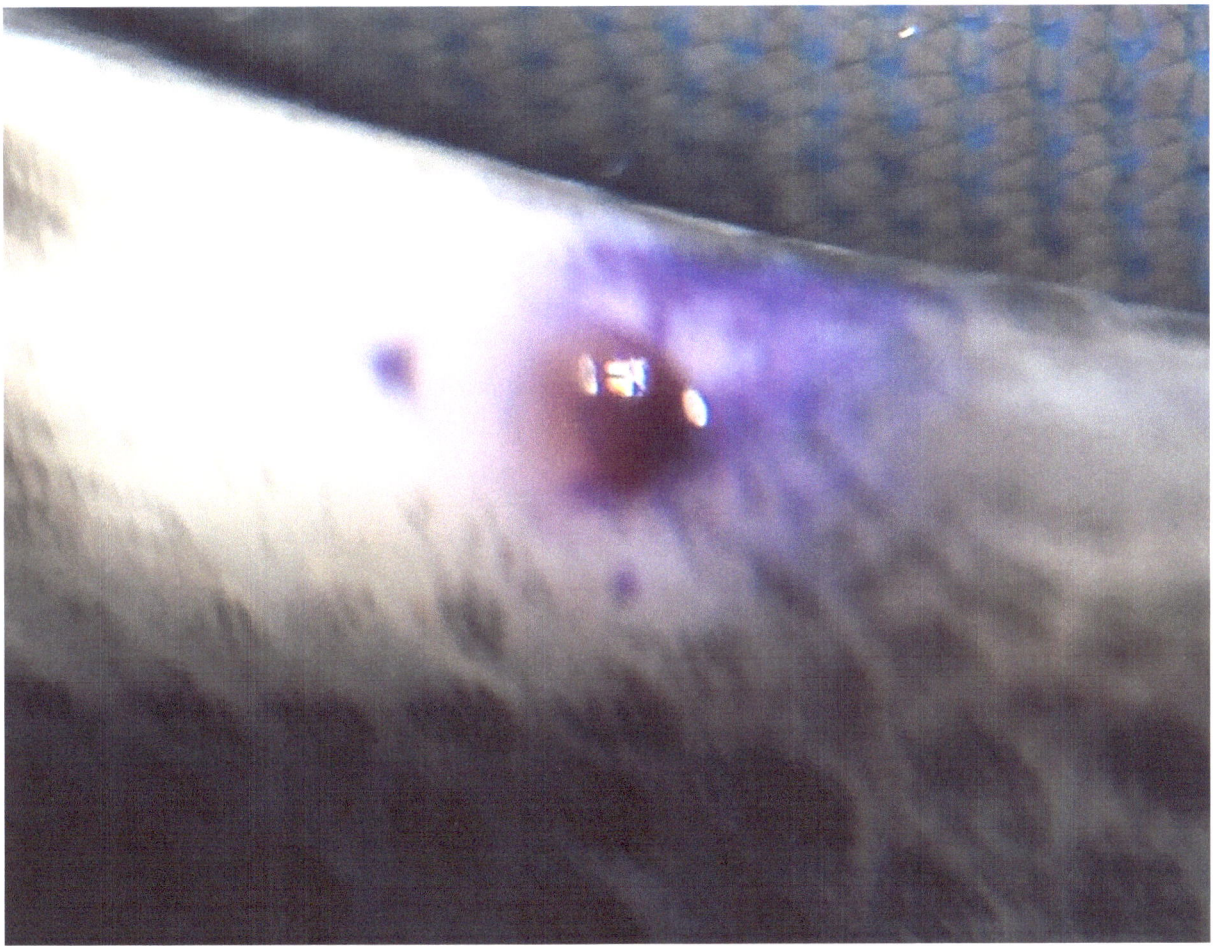

El sexaje de tilapia requiere práctica, mucha práctica. He enseñado a la gente que todavía me piden una segunda opinión. Sé que es una niña de la misma manera que serías capaz de identificar un hombre desnudo o hembras con sus luces y sombras.

Bueno, por lo que no sería justo dejar que te gusta esto, así que aquí está una foto de la papila genital de una hembra de cría de ocho pulgadas que sigue activamente el desove. El oviducto es claramente visible sin tinción de contraste alto. Consulte la pequeña línea roja en el centro de la papila? Ese es su oviducto. Es todavía menos de un milímetro de largo pero varias veces más de cuatro pulgadas de la cría de tilapia que yo sexuado para esta página.

www.ingramcontent.com/pod-product-compliance
Lightning Source LLC
Chambersburg PA
CBHW041314180526
45172CB00004B/1097